2015
China
Interior
Design Annual

2015中国室内设计年鉴（1）

《中国室内设计年鉴》编委会

辽宁科学技术出版社

目录

办公

会所

CLUB

娱乐
休闲

ENTERTAINMENT LEISURE

地产

REAL ESTATE

CONTENTS

南京小米餐厅

NANJING MEETING WITH RESTAURANT

设计单位：上瑞元筑设计顾问有限公司

设　　计：范日桥

参与设计：朱希

面　　积：350 m²

主要材料：老木板、钢板、水泥

坐落地点：南京金鹰国际购物中心

项目空间设计与所在基地的整体国际化调性高度协调，又因其工业美学手法呈现的LOFT意向，焕发出其独特的个性魅力。整体简约、低调的理性基调中，由于涂鸦的大面积展现和各空间结构连接的巧思精细，以及家具橘红、绿色的跳跃，得到了活化与生动。

在材料、材质、材料美学的运用中，突出了其本身所蕴含的精神导向，既有精致光洁也有粗粝原始，既有斑驳悠远也有清雅飘逸。在整体的理性基调中包含了丰富微妙的感性诉求——一个意味深长的国际化高品质的亲和感餐饮空间。

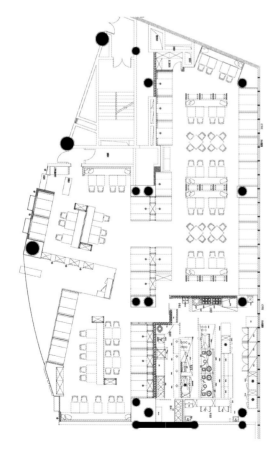

左1：浓郁生活气息让食客更具亲近感

右1、右2：细部展示

右3：空间透视

左1：跳跃的色彩活化了空间

右1、右2：大面积的涂鸦展现让空间愈加生动

右3：工业元素的融入焕发出其独特魅力

TORONTO BUFFET
RESTAURANT XUZHOU
GOLDEN EAGLE BRANCH

多伦多海鲜自助餐厅徐州金鹰店

设计单位：上瑞元筑设计顾问有限公司
设　　计：孙黎明
参与设计：耿顺峰、高沛林
面　　积：863 m²
主要材料：铁板、小木条、马赛克
坐落地点：徐州金鹰人民广场购物中心

无论空间尺度与陈设风格及色彩搭配，无不贴合"美式庄园之家"场景，丰富而秩序井然的各空间元素，在彰显品质感的同时，亦为目标群创造出充满野趣的豁然亲和感。材料运用以理性敦厚的金属为背景，通过红黄蓝绿不同材质的色彩跳跃进行了巧妙调和，而对节奏感的把控在每一个功能空间均有张弛有度的精妙表现。所有陈设元素的选择与布设及光系统运用，都突出了鲜活感与生活化。

左1、左3:美式风格的门头设计
左2、左4: 空间充满野趣的豁然亲和感
右1：生活化的细部
右2：丰富的各空间元素秩序井然

左1：长条餐桌

左2、左3：红黄蓝绿不同材质的色彩跳跃

右1、右2：餐厅空间

MIKAMI JAPANESE FOOD

三上日料

设计单位：杭州观堂设计
设　　计：张健
面　　积：340 m²
主要材料：木格栅
坐落地点：杭州
完工时间：2014.12
摄　　影：刘宇杰

三上日料每家店铺都拥有不同的设计风格，杭州万达店定位为禅境，选材上主要
采用了木格栅，吧台吊顶、背景墙、卡座区域隔断、包厢移门、外立面都采用木
格栅一贯到底。

为与暖意木色相映衬，地面、吊顶、吧台面、墙面、餐椅面都选用了冷酷的黑色，
如黑色地砖、黑色皮质、黑色吊顶。

左1、右1:吊顶、背景墙、移门、隔断等都采用木格栅一贯到底
右2、右3: 用冷酷的黑色与暖意木色相映衬

左1：操作台
左2、左3: 包间
右1：浓郁的日式风格

戈雅法餐厅武汉光谷店

GOYA FRENCH STYLE RESTAURANT WUHAN GUANGGU BRANCH

设计单位：后象设计师事务所

设　　计：陈彬

参与设计：任少坤、周翔

面　　积：600 m²

主要材料：高光漆板、大理石、艺术玻璃、皮革、玫瑰金、地毯

坐落地点：武汉珞瑜路766号世界城广场

摄　　影：吴辉

戈雅法餐厅的空间设计一直追求多角度展现独特的法国饮食文化，光谷世界城的设计又是一例，以现代的手法展示法国多元饮食文化，配合戈雅精美的法餐出品，增强客户体验的设计作品。

光谷世界城店采用重释经典和时尚的设计手法，空间以当代时尚的风格为主导，实木高光的灰色漆板，玫瑰金的装饰架体及重新演绎的木质高光法式柱体，再配以圆形现代的收银台及具有建筑趣味的收纳空间，都能感受到法国餐饮文化里浪漫而丰富的时尚特性，符合世界城的商业定位及品牌的市场需求。艺术陈设上，部分选用了复古的相框、古典灯具、怀旧的日用品及书籍、配饰，让新与旧的情感在这里交融。他们的对话仿佛在诉说着时代的更迭，哪些是我们需要缅怀的，哪些是我们需要尝试改变和包容的。有活的观点的表达、沟通与尝试，空间的意义就在于此，戈雅法餐厅的精神也在于此。

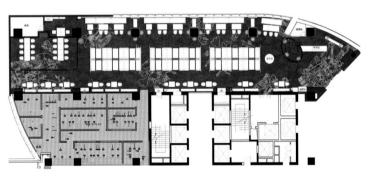

左1：特别的光影效果

右1、右2、右4：密集的复古相框墙

右3：空间一角

右5、右6：实木高光的灰色漆板配以玫瑰金的装饰架体

左1：深蓝色的地毯
右1、右2：古典灯具

葫芦岛食屋私人餐厅

HULUDAO FOOD HOUSE RESTAURANT

设计单位：大连纬图建筑设计装饰工程有限公司

设　　计：赵睿

参与设计：燕群

面　　积：2101 m²

主要材料：片岩石、松木

坐落地点：辽宁葫芦岛市

摄　　影：杨戈

"食屋"前身是作为餐厅对外营业，其建筑样式为典型七八十年代复古建筑风格，所在地理位置相对优越，视野开阔，窗外直面无边海景。该项目业主委托的主要期许是对建筑外观重新进行修整和提炼，建筑应结合新的功能要求，对周边环境有所回应，做到室内外形成统一的气质，让建筑更好地融入到环境中。

"食屋"定位为私人会所，供主人和亲友在此聚会用途，并不考虑对外商业用途。所以无需刻意去迎合众人口味，这也为设计者提供了一个相对自由的空间来进行"过程式"的创作和自我情绪彻底的释放。当然，基于设计者足够扎实的实践功力，一切却似乎尽在掌控之中。如由稻草元素所导演的空间，设计者尝试把"稻草"具备的基本精神置换成一种空间构筑语言融入到整个空间的叙事中去，进而出现了入口前厅的"稻草"装置，以及在每个空间节点的墙身和天花上延续的不规则木条肌理。希望基于这样的装置节点设计及同种形式三维式地铺开，再加上设计者的现场即兴创作成分，使得空间创作的边界得到了一定程度上的延伸，多了些艺术创作的未知性和探索性。

设计之前，必须观念在先，观念是看似零碎的若干想法，在人的意识逻辑的编织下，它们建立起某种内在的关联性，彼此合作，共同发力来形成一个完整的和谐状态。中国传统观念中人们对于"手艺"的信仰和推崇甚为显著，"手艺"并不意味着带有"匠气"味或是指向因循守旧的某类技术层面。实际上它宣扬一种精神，那就是对日常唾手可得的物品价值的探索和挖掘过程，最终让它们产生一种新的结构关系。设计者试图触及这种状态，在"食屋"空间中的具体体现便是极具差异性的物件与空间的共融。与木色反差较大的玻璃工艺灯，路边捡来的枯枝和食用后的贝壳等物件经现场再创作形成的立体浮雕墙，包括桌上的白色碟子和透明高脚杯，市场上淘来的小葫芦等，空间里的一切物件呈现出一种透气的整体感。很显然，重要的不是单个物件本身，而是深植于设计者脑中并且不断深化的"空间观念"。

每个设计项目最终所呈现出的结果只是设计师当时真实状态的一个浓缩和阶段性体现，时间在推进，观念也在生长。设计师只有在实践的过程中保持开放的思维状态并且不断地进行自我思辨的情况下，保持诚恳，才有机会实现富有温度和生命力的作品。

左1、右1：直面海景

右2：捡来的枯枝和食用后的贝壳等物件经再创作形成的立体浮雕墙

右3：台阶

左1、左2：墙身和天花上延续的不规则木条肌理
右1：包间
右2：大厅

余杭粤鲜坊

YUHANG GUANGDONG
SEAFOOD RESTAURANT

设计单位：王海波设计事务所

设　　计：王海波

参与设计：何晓静、高奇坚

面　　积：2500 m²

主要材料：仿旧花岗岩、毛竹、竹板、青砖、角钢、不锈钢、玻璃

坐落地点：杭州余杭临平

夏夜，萤火虫漫天轻舞、流水叮咚、竹影摇曳，营造的不只为享用美食时的那一刻心境，更带回久远的乡村记忆。餐厅兼顾早茶、中餐及婚宴功能，用现代的手法、质朴的材料营造浪漫温馨的主题餐厅。

左1、右1、右3：弯曲木条构筑的长廊
左2、右2：竹子隔断

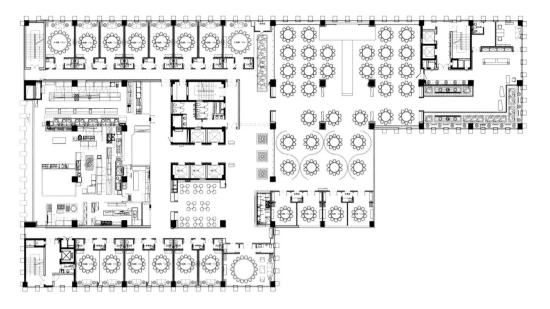

左1：大堂

左2：包间内充满野趣的顶面装置

右1、右2：隔断制造出有趣的光影效果

JUNGLE 8 SKEWERS

小珺柑串串香

设计单位：北京瑞普设计有限公司

设　　计：田军

参与设计：林雨、全洪波

面　　积：300 m²

主要材料：彩漆木板、水泥、红砖白涂料、室外仿古地砖

坐落地点：北京市青年路华纺第一城27号院

完工时间：2014.09

我们相信好的设计本身，并不是为了让我们变得深刻，更不是让我们变得虚荣，而恰恰是恢复我们儿时的天真，天真的人，才会有勇气无穷无尽的追问关于这个世界的道理。

串串香是成都街边经久不衰的草根美食，它的魅力来源于麻辣沸腾的锅底和朴素不造作的地摊环境，围绕着朴素和真诚以及那些疯狂热爱串串香的80、90后，我们大量使用曾经存在和消逝的物件，努力呈现出他们儿时的记忆：那些颓败不堪的旧窗，早已不见踪迹的电线杆，报废的自行车钢圈，总盼着下雨才能穿的雨靴，小时候做作业时坐的小板凳。这一切熟悉而又陌生的物件，褪尽了火气和油滑，散发着久违不见的真诚，而传统餐饮空间建筑材料的缺失，让我们安全地避开了都市生活的紧张和焦虑，轻松自在，毫不紧张地存在着。

小珺柑串串香，可以用青春来结账的串串香。

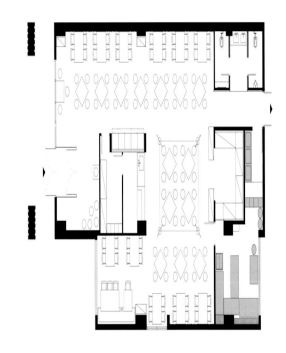

左1：餐厅入口处

右1：天真的雕塑

小珺柑串串香 Jungle & skewers

左1、左2、左3: 报废的自行车钢圈、下雨才能穿的雨靴、做作业的小板凳，都勾起儿时的回忆
左4、右1: 早不见踪迹的电线杆散发着久违不见的真诚

U鼎冒菜馆

设计单位：深圳市华空间设计顾问有限公司

设计：熊华阳

面积：120 m²

主要材料：红砖、清水泥、地板

坐落地点：北京大峡谷

摄影：吴辉

作为川西平原最具风味特色美食，如春笋般一夜间遍布了全国各地，其受欢迎程
度不想而知，有别于火锅的冒菜以快速、便捷、实惠、美味四大特点赢得了大众
的青睐。冒菜就是一个人的火锅，火锅就是一群人的冒菜，其原材料不限制，以
"香辣，麻辣"俘房你的味蕾。

坐落在北京的U鼎冒菜提取蕴含四川特色的元素，运用怀旧斑驳的肌理材质，以
及选用现代工业感的桌椅灯具，试图用材质碰撞来一场时空对话，而红砖水泥地
元素与其产生反差，营造出视觉冲击，并通过融入黑板手绘等细节设计，使设计
折射出一种韵味，一种情趣，增强设计的亲和力和文化民族特色。

本案以提取巴蜀元素的四川居民为设计点并出发延伸，将规整的空间划分成相互
呼应具有特色的区域。以餐厅里长桌区域为中心形成一个环形的动线，配合材质
上的碰撞，红砖水泥地怀旧的元素和工业感强烈的灯具家具带来极具视觉冲击力
的表现。

左1、右1：怀旧斑驳的肌理材质
右2：黑板手绘
右3、右4：桌椅灯具具有现代工业感

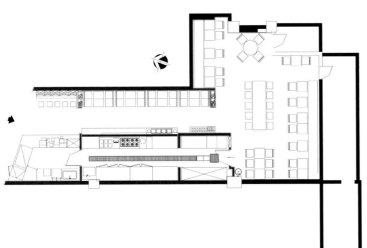

左1、左2：空间划分成相互呼应的区域

右1：红砖水泥地

WILLOW RESTAURANT
问柳菜馆

设计单位：南京名谷设计机构

设　　计：潘冉

软装设计：蜜麒麟陈设组

面　　积：1439 m²

主要材料：瓦片、白灰泥、竹、砖细

坐落地点：南京老门东历史街区内

摄　　影：金啸文

昔日秦淮，有三家老字号的茶馆，俗称"三问"茶馆。其名分别为问渠"问渠哪得清如许，为有源头活水来"，问津"使子路问津焉"，问柳"问柳寻花到新亭"。"三问"大约建于明末清初，是文人墨客聚会、商家巨贾谈生意的常往之地。本次设计对象，恰恰是以兼制活鲜菜肴闻名的"问柳"茶馆。

现代的中国越来越重视对有历史人文价值的古建筑的维护，欣喜感动背后亦夹杂着复杂情绪。介于设计周期和市场环境的现状，当代很多此类实践如同大批量生产雷同形式的机器，为了表面的创造性，设计师往往选择把传统建筑的形式碎片贴在单调空间的形式表皮上，以表达其设计属性，看图说话般的展示设计意图。时而久之，繁采寡情，味之必厌。真正严肃的从中国传统精神出发，隐忍含蓄的使用中国式语言的作品凤毛麟角。"问柳"夸而有节，饰而不诬，恭敬的表达着空间营造者谦卑的诚意。

听雨看荷，第一重天井结合门厅设置，此处为故事的序章，洗净街市喧哗，将来客缓缓沁入建筑内部安宁的环境氛围。随着步步深入，第二重天井展现于眼前，它位于堂食厅的核心，是整栋建筑的心脏。一层空间的排布、二层包间的布置皆为围绕天井层层展开。天井的设置反映出中国风水流转的轮回思想，同时帮助建筑破除空间死角，为内部环境争取到充足的空气和光线。东西南北任何朝向空间都接受阳光沐浴，光线作用在古典建筑构造上，衍生出美妙的艺术效果。结合中心天井设置的琴台是展现地域艺术的舞台，阑珊灯光映照一池眠水，焕发出濯清涟而不妖的淡雅从容。选用了瓦片、砖细、竹节、风化榆木等当地的地域材料，最朴素的材料在当代工艺的精细研磨下，结合建筑本身的结构构造特点，对空间进行适当的润色。干净墙面摒除装饰，家具的选择与明清建筑气场匹配，每一件摆设在建筑内部都得以找到专属于它的位置。值得一提的是，这相对"空"的装饰空间里却存着满满的人文情怀。众多当代名家留下的笔绘作品、手工艺品、艺术品与建筑装饰与建筑本体紧密结合，营造出平和高尚的空间气场。时间、光线、故事在此流转融会、一气呵成。

舰百年浮世，似一梦华胥，信壶里乾坤广阔，叹人间甲子须臾。恰似那秦淮河边"三问"，眨眼间白石已烂，转头时沧海重枯。暂不问重建、移建与改建，只当把握住这短光阴，若能息得心上无名火，把酒临风，荣辱皆忘有何难处？

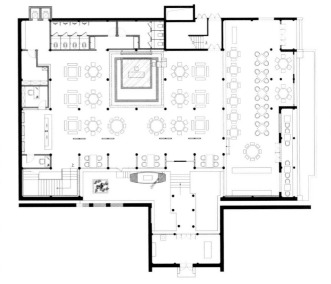

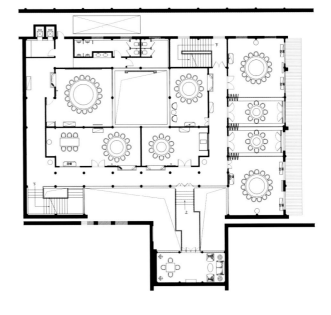

右1：天井

右2：一层服务台

时代微光

LIGHT OF TIMES RESTAURANT

设计单位：东仓建设
设　　计：余霖
面　　积：1780 m²
主要材料：拼纹板、黑麻石材肌理面、仿岩肌理漆
坐落地点：珠海金湾区平沙镇

当我们谈论起生活与其中的填充物时，我们其实在谈论这个时代里人们的微小愿景。对于大部分人而言，他们能够从一个定性为"生活馆"的公共空间获得什么？那即是我们试图在这个项目中表现的，用于起到部分提示作用的元素。当然，这些温和美好的跳跃的元素被承载在一个基底朴素的简单的空间里，必须让基础沉下去，你才能够发觉元素之美。如同生活这个概念本身的平凡一样，如果生活不是平凡的，快乐和美好恐怕也无从得到对比而被发觉。

这些元素是：温和、人与人的亲密、阅读的乐趣、真实的烛光火焰。虽然甲方要为此付出长期的维护费用，但我认为一个元素的真实性无比重要。素胚陶艺、创意盆景、一两片叶子或花朵，绘画……最重要的是，这些元素无法购买，它们全部来自于手工创作。请注意，去创作，而非制作，你的生活。

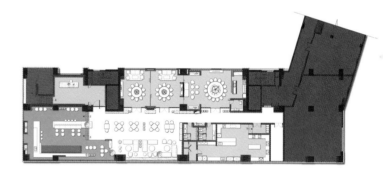

左1、左2：浪漫烛光起到烘托的作用
右1、右2：温和而真实的烛光火焰

左1、左2、右1:包间

右2：基底朴素的简单空间

潮汕味道

CHAOSHAN FLAVOR
RESTAURANT

设计单位：汕头市今古凤凰空间策划有限公司

设　　　计：叶晖

参与设计：陈坚

面　　　积：600 m²

主要材料：银白龙石板、英国蓝石板、黑色拉丝不锈钢、酸枝木饰面

坐落地点：广东省汕头市

摄　　　影：区少雄

这是一家潮汕风味中式餐厅，设计以中国传统文化为底蕴，融入少许现代元素，演绎出新的现代中式餐饮文化空间，从概念到思维，从功能到美观，从室内到户外，所有家具、配饰、灯饰都被精心合理运用，整个空间彰显大气儒雅，意境深远。在用餐区和包厢之间，设计师运用线条简约精雕细刻的实木通花和工笔花卉纱画屏风两种完全不同的材质作隔断，若隐若现，空间视觉共享的同时，又有功能区域隔离作用。

本案中，传统的中式元素装饰手法和现代材料质感的完美结合，让流行与经典同列一室，互融共生，构成新的概念、新的视觉，既有传承中式传统风韵的雅致与古朴，又不失现代生活的舒适与时尚感，在宾客享用美膳的同时，细品人生的美好。

右1：大气的空间

右1：楼梯

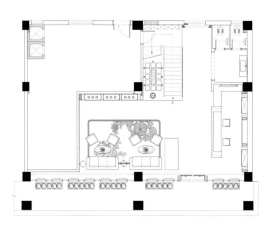

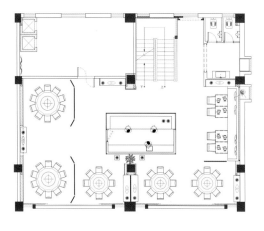

左1：大气的空间

右1：楼梯

右2、右3：共享视觉的区域空间

左1、左2、左3: 实木通花和花卉
纱画两种不同材质的隔断
右1、右2:餐厅局部
右3:洗漱区

QIAOTING LIVE FISH TOWN

桥亭活鱼小镇

设计单位：福建东道建筑装饰设计有限公司

设　　计：李川道

参与设计：郑新峰、陈立惠、张海萍

面　　积：260 m²

主要材料：老木板、花砖、钢板、老窗户、竹竿

坐落地点：福州

摄　　影：申强

传说"桥亭"源自一个溪多、桥多、亭多的桥亭村，那里的村民好以鱼待客，烹煮出的鱼别具风味，具有淳朴的味道。本案设计师结合该品牌的文化内涵，秉承其一贯的仿古风格，更独具匠心地突出精彩的设计，尽显雅致韵味。

青砖石板旧廊桥，不过两百余平方米的面积内，设计师既像是为电影拍摄造景又像是身边的发小，将记忆里的老画面一帧一帧地回溯。正像对清平世界所描述的夜不闭门，这个迎来送往的商铺以开门见山的方式接客，原汁原味的旧木门敞开着。进门走道的两边，一半是前台一半是入口。入口待客区是廊桥上标志性的座椅，对着俩小儿荡秋千童真童趣的场景、都市里不常见的扎染粗布，怕是再急着进餐的宾客也愿意再多等几分钟。

天然的石磨、黑白的老挂画、灰白的绒布软垫，连搭建的木材都是褪色的，像是经过风雨飘摇的桥亭。它虽然失去了原本光鲜亮丽的色彩，却多了一番值得反复寻味的情愫。与大堂的古朴老旧色彩相比，回廊里的景致更为华丽。石墩和大圆柱是乡村里必不可少的元素，大红灯笼高高挂，像是节日里的张灯结彩，热闹非凡。旧时趴在圆木上与小伙伴嬉戏打闹奔走的画面历历在目。

复古色彩浓郁的餐厅里，品味的不仅是大鱼一条小菜三碟，还有"记得当时年纪小，你爱谈天我爱笑"的细腻情感。设计师呈现的也不再是单纯的餐饮空间，像是造梦者，带着宾客在桥亭回廊间重温旧梦。

右1：原汁原味的旧木门敞开着

右2、右4：褪色的木材多了一番值得寻味的情愫

右3：扎染粗布

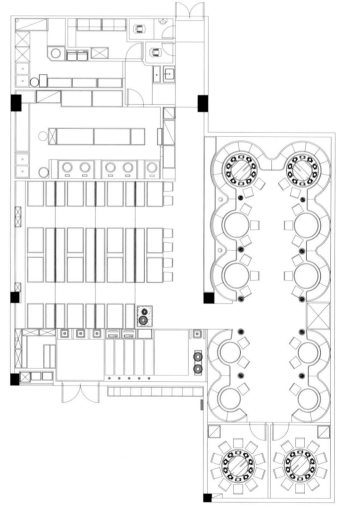

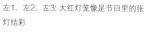

左1、左2、左3: 大红灯笼像是节日里的张
灯结彩
右1、右2: 入口待客区

巴奴火锅

BANU HOTPOT

设计单位：河南鼎合建筑装饰设计工程有限公司
设　　计：孙华锋、孔仲迅
参与设计：杨春佩、陈志
面　　积：1210 m²
主要材料：老木板、做旧钢板、硅藻土、布纹玻璃
坐落地点：郑州王府井百货
完工时间：2014.12
摄　　影：孙华锋

巴奴毛肚火锅的改造首先体现于对顾客服务环境的舒适、关怀、人文的全面提升。良好的就餐环境让人们欢乐围聚，流连忘返，适宜的尺度，贴心的细节让每一位顾客宾至如归。其次是空间的阐释，对顾客对社会对巴奴，其精神，意念，期许始终贯穿其中。

巴山蜀水大写意的等候区、岩石、树林、群鸟，自然分区意境的展现抛去了等候的焦躁，多了一份情怀多了一份美念。大红的色彩多了一份欢乐多了一份寓意，高挑的马灯、林立的树木、时间的流逝、年轮的大小，让人们茶余饭后多了些感慨和珍惜。借着觥筹交错，交流与互动由此开始。

左1、右2：大红的色彩多了一份欢乐
右1：高挑的马灯
右3：就餐区

左1、右1、右2：餐厅局部

NEIGHBORHOOD RESTAURANT

左邻右里餐厅

设计单位：上瑞元筑设计顾问有限公司

设计：孙黎明

参与设计：耿顺峰、陈浩

面　　积：400 m²

主要材料：仿木纹地砖、马赛克、水曲柳白色开放漆、锈镜、金属链

坐落地点：无锡中山路

完工时间：2015.01

本案设计取向明确，灵感来自过往邻里生活的片段孕育而出，以自然的生活物件作为基础，加以抽象，突出局部元素，塑造出既真实又虚构的情境，编织出系统性语汇，将市井特有气息与都市时尚餐厅相融合，进而投射出"左邻右里"的品牌特色，游走于喧闹街景与舒适邻里想象之间，精确描绘品牌诉求而不失浪漫惬意。

一走进餐厅，立刻听到服务人员亲切又充满朝气的招呼声，店如其名，顿时亲切的邻里情愫被牵动，进而引起入内探索的动机。空间的营造以街巷为概念，动线穿插辅以线框勾勒区分座位及岛台区，虚实的立屏分割强调透视及私密感，便于服务人员即时关照客户需求，墙面铺覆明镜延展空间景深，使室内光照效果更加温馨舒适。

手法上以抽象的市井生活形态物件贯穿全案，有趣的节点，通过物件肌理触感及明快色彩的呼应穿插，搭配以墙面与座椅的妆色，连接邻里的生活印象，让宾客在享受美味的同时可以和同行伙伴自由畅谈，引导宾客们从用餐情境唤醒过往生活的追忆，凸显品牌定位及产品优势，带来焕然一新的餐厅感受。

左1、左2：小小的绿植点缀空间
右1、右3：绿白色桌椅的搭配清新自然
右2：过道

BLACK TEA RESTAURANT

红茶坊餐厅

设计单位：安徽松果设计顾问有限公司

设　　计：曹群

参与设计：赵琳、姚定军

面　　积：1300 m²

主要材料：红砖、钢板、水磨石、旧木板

坐落地点：安徽合肥

完工时间：2014.08

摄　　影：金选民

朱门本应搭配玉砌，却只见红砖粗粝。

红茶坊餐厅，像是一件混搭之作，雍容与质朴的混搭，都会与乡野的混搭。餐厅位于花园别墅小区会所内，建筑本身便是一栋二层仿欧式洋房，上层为八边形退层，四周俱是阳台，360度无死角的豪华视野，是她独有的奢侈品。总建筑面积1300平方米的偌大空间里，上下两层皆四面开窗，似是要为幽闭于此的灵魂打开通往明媚与鲜妍的路径。设计师在空间结构上，将上下两层餐位皆沿窗而设，让客人静享园林美景和午后阳光。内部区间的隔断，是通过曲折漫长的窗格来实现，甚至在洋房内行走，也是在窗与窗之间穿梭。扇形展开的旋梯，以旧铁板镶嵌半透明的玫瑰色玻璃，是另一种意义上的"窗"。与小巧的舞台相连，水到渠成般烘托出了一个视觉中心。

设计师以红砖、旧木板、水泥、黑铁板等传统常规材料，极力营造一个历史感与时尚感并存的空间。复古花砖寸步不离，铁艺栏杆惹人遐思，凝神驻足时，循着若明若暗的旧上海明星黑白照片，目光攀沿至七米挑高天花板，再向右侧流转，那本该向外的西式红砖墙与阳台竟被"反转"到了室内，仿佛刚才面朝街市的佳人翩然转身，转向洋房内的无限风光。此时再面对错落有致的红砖墙，只觉并无混搭之说，更加坦然地曝露一份优雅态度。

风景在窗外，也在窗里，环境予人的心理暗示，也许会让每个人都在不自觉间努力成为他人眼中的风景。试想若是一位金嗓子歌后正在台上夜莺婉转，台下的人儿又岂甘寂寞？纵然寂寞，也当有风情千种，游园惊梦，海上花开又落。没人能走得出，那氤氲在茉莉片中的海上旧梦。

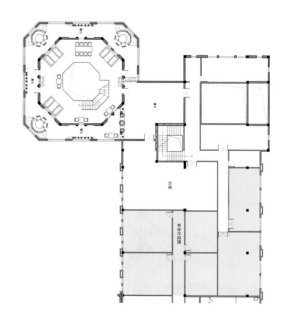

右1：朱门灰墙风情万种

右2：以旧铁板镶嵌半透明玫瑰色玻璃

重庆棕榈岛美丽厨房

CHONGQING PALM
ISLAND BEAUTY KITCHEN

设计单位：重庆年代营创设计
设　　计：赖旭东
参与设计：夏洋
面　　积：3800 m²
主要材料：柚木复合地板、黑拉丝不锈钢、水曲柳面板、青石、贵州白木纹、 亚麻布
坐落地点：重庆渝北区棕榈岛商业区
完工时间：2015.01
摄　　影：赖旭东

美丽厨房，坐落于重庆高端餐饮聚集地，棕榈泉国际花园湖滨商业区——棕榈岛。
一层大厅与二层包房皆为现代、时尚、简约的雅布风格，配以全落地临湖景观，
为重庆最新的时尚的餐厅。

独栋的三层玻璃房子半隐在一片现代园林中间，近看，美丽厨房几乎是泡进了棕
榈泉里一般紧挨着湖岸，水文景观相得益彰，环境简直是好极了。室内并不奢华，
兼顾简约大气，更多是展现环境的得天独厚，一长排的景观位，可以尽情饱览湖景。
整个空间完成之后，主、次空间的品质，都在一条水平线上。远处看简简单单，
近处看充满着生命的丰富张力，雅致、舒朗、含蓄、骨气凛然，具有浓烈的书卷气。
色彩对比也是赖设计者着重考虑的问题，强对比会比较俗气，弱对比则比较雅致。
整个空间丰富而轻盈，品相高雅，具有当代东方美学特征中兼具包容性的设计路
径。在美丽厨房，即使最普通甚至最基础的材料，也散发出质朴、本质的光芒，
低调奢华，却有内涵。

一直以来，美景、美食和美女被认为是重庆的城市名片。为呼应"美丽厨房"的
名字，以重庆美女为创造要素，特邀著名艺术家赵波为美丽厨房私人订制了餐厅
墙上随处可见的油画，每一幅都代表着一种性格的重庆美女。东西并置、古今贯通，
将艺术融入生活中。毕业于川美的赵波，被誉为"新现实主义"的一份子，他的
油画也表达出对传统现实主义在当代艺术范畴内的解释，所针对的对象是现今的
城市，不同于早期带有政治含义的先锋派艺术。

视觉上，设计师坚决地摒弃了现代流行的"欧式"奢华又或者"新中式"简单的
表述，而是采用了现代、时尚、简约的雅布风格，巧妙地构建了丰富的视觉象征：
形态各异的美女油画、大厅金属隔断、兽头……让极具表现力的元素与建筑空间
完美地结合在一起，因此整个空间具有了特征与活力，又不失当代设计的精致。

右1：入口处
右2：走道
右3：就餐区

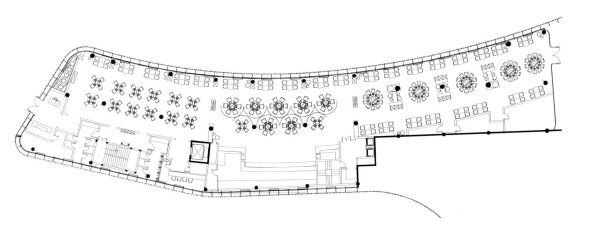

左1：简约时尚的餐厅

右1：隔断

右2、右3：每一幅油画都代表一种性格的重庆美女

远山炭火火锅店

FARAWAY MOUNTAINS
HOTPOT RESTAURANT

设计单位：成都私享室内设计有限公司
设　　计：胡俊
参与设计：邓浩杰、陈勤、义颖
面　　积：1022 m²
主要材料：瓷砖、防火板、乳胶漆
坐落地点：成都市武侯区玉林西路
完工时间：2015.04
摄　　影：王牧之

成都是舌尖上的美食天府，全城大大小小有 11 条美食街，其中首指玉林路，火锅店的数量更是有几十家之多，餐饮业态在味道上无法形成任何优势，此时，设计导向就尤为重要了。远山炭火火锅的食材来自西昌远方的大山，崇尚环保和绿色的经营理念在油爆火锅的群聚中释放健康的吸引；而紧密嫁接火锅的是远山品牌旗下的 FM 酒吧项目，与火锅店对门相邻，一食一饮，一静一动，跨界的创新引入，体现商业的多元。

来到远山的食客们，都第一眼被空间场所吸引，建筑层叠、出入有致、空间交错、明暗通透，一组组写意江南的小品构筑了远山火锅的整体空间形态。青黑石板的地面、徽派意景的内胆建筑，贯连有秩的窗洞门廊、灰白砖墙、竹林小景、风古旧木、流苏吊灯，还有堂中一棵枝丫重叠穿顶而立的大树，那一种写意和洒脱的场所气质调动着食客们的心悸。此一回江南院子里的火锅也独居风雅，院、园、宅，一入一出，人、物、境，交疏吐诚，此时此刻，才刚刚渐入佳境。

空间定调在新中式古典院落，即刻将火锅业态的差异化做到极致，想不到，没想到，设计诠释品牌的内里，空间表述商业的外形，下笔铺陈转合，叙事婉约灵动，设计的精妙亦在于此。

除了空间本身的高分享值，更多节点的考虑更增添了传播的价值。食来食往，惊喜到餐碟的别致、厚重的鹅卵石、粗质的瓦砾、古朴的瓦当、精致的菜肴，你会忍不住拿起相机；等待锅开，你不会空盏相望，一枚沙漏计时陡增待餐趣感，你会忍不住拿起相机；试管瓶的调味料、嵌入天花的旧门板、攀附墙壁的八仙桌、长条凳、卫生间玩笑的小人导视，你都会忍不住拿起相机。

在远山，空间本身的视觉高值带来不同以往的就餐体验，铜锅围炉也可以风尚雅集，卡座相邻，别有洞天又两不相饶。穿过六棱窗洞看到邻家美丽的女孩，食毕之后感叹那一桌来自远方深山的鲜美，流连而兴不尽。这里的一切除了桌椅房屋，任何喜爱的东西都可以买回家细细品尝，火锅店中的冷鲜超市，满足食客的一切诉求。排队待入的食客们，FM 酒吧小坐，品一口德国啤酒，听一曲欢快愉悦，再也不用看着别人狼藉饕餮，而自己捧着一把五香瓜子。在远山，享受的是一天的放松，品尝的是味蕾的绽放，体验的是无不的可能。

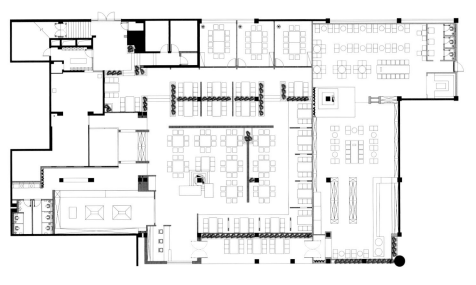

右1：写意江南般的小品设计

左1：贯连有序的窗洞门廊
左2：风古旧木
右1：风雅的环境
右2：竹林小景
右3：堂中一棵枝桠重叠穿顶而立的大树

ME悦

ME YUE RESTAURANT

设计单位：深圳市新冶组设计顾问有限公司

设　　计：陈武

参与设计：吴家煌

面　　积：100 m²

主要材料：钢结构方通、拉膜、木地板

坐落地点：深圳市

你想居高临下于飘渺云雾间体验空中用餐，又想潜入深海打开水底世界之门，享受被鱼群簇拥挠痒痒的感觉，"Me 悦"可以同时满足你的美好愿想。位于深圳龙岗中心区万科广场的"ME 悦"，堪称全深圳最小清新的室内餐厅，悬空的架构呈现的是无敌的开阔视野，而由白色珊瑚意象组成的天花和基座，则模拟出深海效果，明明置身室内，天空与深海却同时唾手可得，这会是一种怎样奇妙的用餐体验？

浮于空，悦于心。清透的海洋生态风最适合夏日了，配搭现代甜美元素的布艺家私，为室内注入一股冰凉透心的舒爽，加上甜蜜优质的夏日乐食，立刻赶走炎夏酷暑燥热，一扫你的劳累疲乏。舒适的单人沙发，黄绿、粉色的调调，加上花朵、蝴蝶图案，散发着浓郁的热带气息。时尚小清新的蓝紫色渐变水吧台，清爽的软装以及环绕着餐厅的雪白，丝丝夏日清凉，带来视觉与味觉不一样的极至体验。

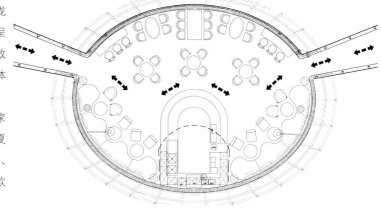

左1、右1：白色珊瑚意象组成的天花和基座
右2：色彩缤纷的沙发

左1：纯净的白色基调
左2、右3：沙发的花朵图案散发浓郁的热带气息
右1、右2：蓝紫色渐变水吧台

VIEW THE JIANGNAN RESTAURANT

观江南

设计单位：合肥许建国建筑室内装饰设计有限公司

设计：许建国

面积：650 m²

主要材料：花格、石材、铁板、墙布

坐落地点：安徽无为

完工时间：2015.02

设计师在注重空间整体效果的前提下关注细节渲染，如餐厅吊顶下具有中国风情的鸟笼灯设计；干净利索的竹纹背景墙；吊顶上用优美的弧线打造一种细水长流的感觉，暗示着人们在社会与时俱进的快节奏生活中不要忘记中国传统江南文化，给人一种世外桃源、鸟语花香的江南自然景象。走廊及楼梯的云间设计，让人身临仙境之美感。楼梯侧方黑色云朵的设计图案，相比传统观念的白色更让人记忆深刻，在设计师眼里，黑色云朵与白色一样美丽纯净。餐厅墙面酒窖设计，选用中国红作为主色调，立面一格格酒槽里装入进口红酒整齐排放，中西相融，那种江南小情怀，舒适悠闲的感觉深入人心。

观江南整体设计风格淳朴自然，设计力求营造一个现代感江南餐厅，在中国传统元素中融入西式家居和东南亚风格配饰，把水乡的柔媚，西南的热情，北国的雄浑有机结合，把空间艺术环境与传统美食文化完美结合，呈现在人们眼前的是一个别具一格的国际化江南意韵的人文休闲空间。

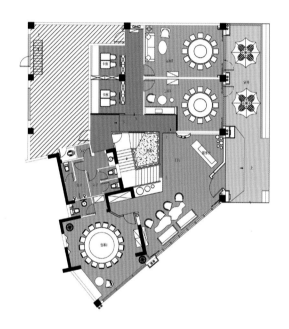

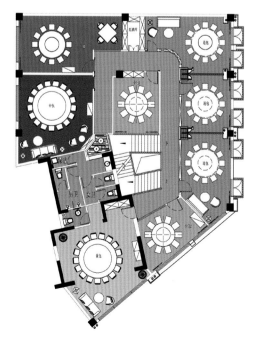

右1、右2:走廊及楼梯的云间设计

左1：楼梯侧方的黑色云朵
左2：拾梯而上
左3：走道
右1、右2：餐厅局部
右3：鸟笼灯

JINCAI HOTPOT

锦采火锅店

设计单位：甘肃御居装饰设计有限公司

设　　计：黄伟彪

面　　积：2000 m²

主要材料：石材、木饰面烤漆板、工艺玻璃

坐落地点：甘肃兰州

完工时间：2014.12

摄　　影：吴辉

"锦采"取自西蜀最古老民俗街里精彩的文化，创造又一回味的记忆天堂。设计中，以川西民风、民俗的历史文化为背景，将历史与现代人的审美相融合，通过材料、色彩、灯光营造出旧时西蜀锦里中，两碗绿茶、一眼碧水、三国食阵的又一悠闲美地。将中式手法古法新用，通过中式的色彩，中式的丝绢，中式的格局，与现代组合方式、现代施工工艺、现代审美尺寸相互碰撞交汇，让骨子里的中式韵味如这川红的火锅般充满刺激和激情。

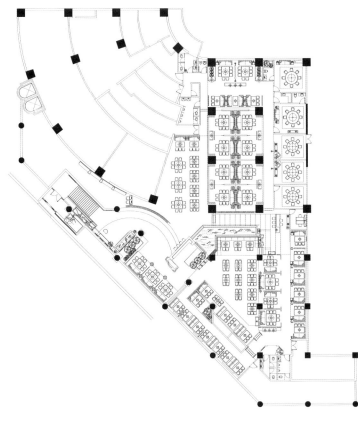

左1、右1: 入口处
右2、右3: 美丽的孔雀

左1：楼梯

右1、右2：中式的色彩、中式的丝绢、中式的格局

TEA-HORSE ROAD
茶马谷道

设计单位：宁波古木子月空间设计事务所
设　　计：李财赋
参与设计：赵铁武、胡荣海、郑褵君
面　　积：700 m²
主要材料：木饰面、乳胶漆、花岗石
坐落地点：浙江宁波东吴镇
完工时间：2015.1
摄　　影：刘鹰

项目为旧建筑改建，原为 L 形格局，处在山峦之中相当隐秘。旧房原为军事谍报基地用房，每个空间都有故事，房屋功能从军事用房到机械加工厂再到之前的农家乐，建筑虽普通，但内容丰满。

此次改造为餐饮空间，因是改建空间有局限，设计最大原则尊崇因地制宜，保留一些岁月印记，比如在原入口门楼下方做个小水景，让在茶区的客人可以通过水的媒介静下心来，同时水景与室外山水相融互映。其次是解决动线问题，原通道狭小，采光差，设计师把过道 90 厘米高的窗改为落地窗，向外凸出，借景引入室内，同时通过打开方式让过道更有节奏感，有了另一番意境。大堂入口进行移位与改建，放在庭院入口处，目的是增长浏览路线，让人在移动中通过通道与窗户的传达感受光影、室外风景的变化。大堂设计更多结合休闲书吧概念，让空间具有文人气质，休闲区后的窗户整体落地打开，开门见景，内外情景交融别具韵味。大包厢的窗口通过苏州园林的营造古法，用现代的表现语言，景中景的形式，从室内往外看仿佛湖面挂在墙上的奇特视觉效果。

整体空间用减法设计，大量留白让人静思，联想。空间最大装饰就是陈家冷先生的画，色彩、意境、人文，与此情此景和谐相融。

左1、左2：建筑外景
右1、右2：对称的布局

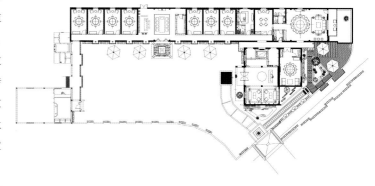

左1：小景

左2：湖面仿佛挂在墙上

左3：引景入室

右1、右3：餐厅局部

右2：大量留白让人静思

VAKU TEAHOUSE NO. 18

瓦库18号

设计单位：西安电子科技大学

设　　计：余平

参与设计：马喆、董静、郭亚晨、韩晓燕

面　　积：260 m²

主要材料：砖、木、水泥砂灰

坐落地点：南京市老门东

完工时间：2014.11

摄　　影：文宗博、贾方

瓦库18号位于南京市老门东历史街区，原建筑为历史建筑——三进的明清古院，建筑面积260平方米。当瓦库与陈年的民居院落相遇，似知己，话语投机，但说多了难免有啰嗦之嫌。取舍之间，恰是设计的重点。

瓦库面对前辈的青砖灰瓦，坚决"礼让"，瓦不再成为室内的主要语言，聆听四合院屋顶瓦的诉说吧，它们更有经历。不仅是瓦，老建筑的青砖、木梁，这些有生命属性的材料已经记录下足够长的故事，我们能做的只是让它们"重见天日"。老建筑往往供人欣赏而不被居住，其原因是采光通风条件差而引起的生理及心理的不舒适感，而用当下的技术手段来解决这一问题，让老建筑重获新生是改造的重点部分。用玻璃、孔洞、水景等方式让阳光空气穿透这座历史古院，阳光与空气就是这么神奇，赋予生命，滋养万物。老建筑有了它们，空间和老砖旧木立即焕发出属于它们的特有的神采，这是瓦库设计一直在追求的面貌。虽然没有使用瓦，但人们可以在舒适健康的充满自然通风与采光的室内，阅读材料之上布满的时间"踪迹"，这便是最好的瓦库。

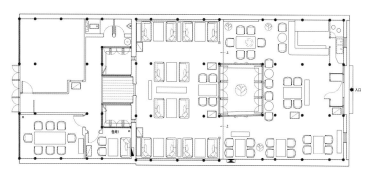

左1：外观

右1、右2、右3：老建筑的青砖和木梁

左1：老砖旧木重新焕发出特有的神采

右1、右2、右3、右4：阳光和空气穿透了老建筑

MAIDAO REAL ESTATE
OFFICE SPACE

麦道置业办公空间

设计单位：浙江亚厦装饰股份有限公司
设　　计：王海波
参与设计：何晓静、高奇坚
面　　积：1500 m²
主要材料：仿旧大理石、橡木、青砖、玻璃
坐落地点：杭州余杭临平

朴实的材质、简洁的线条、几何的造型、沧桑的老陈设与时尚的西方家具在此空间融合。虚实相间的隔断墙体隐现出多重的办公空间，直棱木栅与青砖墙透露着儒商的闲适与文雅，地面不同的材质界定出了办公区域、交通空间及休闲等候的场所。包容、互通、内敛、简约是该办公空间特有的气质。

麦道置业办公空间

左1、右1: 虚实相间的隔断墙体隐现出多重的办公空间

左1：直棱木栅与青砖墙透露着儒商的文雅

左2：地面不同的材质界定出办公区域

右1：过道

右2、右3：沧桑的老陈设与现代家具彼此融合

SNAIL HOUSE 27M²

蜗居27平

设计单位：水平线空间设计有限公司

设　　计：琚宾

参与设计：黄智勇

面　　积：78 m²

主要材料：地毯、布艺、镜面不锈钢、实木

坐落地点：北京

完工时间：2014.11

摄　　影：井旭峰

这是一个公益项目。通过 27m² 的 loft 空间，规划出集居住、工作双重功能于一体的自由职业者所向往的空间。这种向往与实施，能让更多的自由职业者，通过当下科技与互联网的平台来工作和学习，避免交通的拥挤以节约所耗费的珍贵时间。希望能唤起社会的不同角度认识，以设计师的方式来表达一种观点和情怀。

材料是空间表情的最终诠释物。白色本身的中性特质，让空间舒畅地呼吸并拥有更多的自由，也为留住时间的年轮和情怀的印记而打底。其颜色本身便能让小空间有着更大的视觉想象，同时也承载了简与素所能衍射出的建筑本质。剥离掉装饰，让空间围合出独特的空气，并与社会保持着适当的距离。

用至简近道的方式来表达混合功能的多样性，在明晰可辨的逻辑下，寻找丰富的、快乐的空间本质魅力。

光，作为这个设计本体的主要材料，在空间中以多角度多方式的呈现手法出现。留住光的同时，也是留住了时间，留住自我审视时的那份宁静。

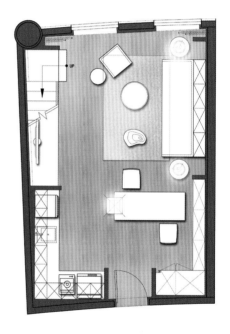

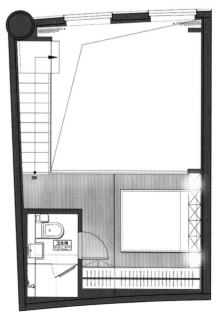

右1：黑白色的对比

右2：楼梯

右3：厨房

右4：工作台

左1：白色让空间舒畅地呼吸

右1：造型简约时尚的家具和灯具

右2：卧房

华坤投资

HUAKUN INVESTMENT

设计单位：林开新设计有限公司
设　　计：林开新
参与设计：余花
面　　积：800 m²
主要材料：仿古砖、橡木、肌理涂料、大理石
坐落地点：福建福州

本案是一家投资公司，作为高层领导办公及 VIP 客户接待为主的场所，设计师通过现代与传统的碰撞，从矛盾中找和谐，以简约手法诠释东方文化，营造一个"文化性"与"当代性"和谐并存的室内空间，营造天人合一的意境。在建筑形态上，强调符合东方人审美情感的建筑气势和庄严的秩序感，烘托企业稳健而不乏创新精神的特质。设计师没有一味地将设计与社会文化历史传统强拧在一起，而是通过适当的情景设计，几何线条的组织和延伸，构成耐人寻味的空间格局，让置身其中的人们可以轻松自然地来感受传统，品味潜移默化的历史痕迹，从容不迫地回忆过去时光。整体色调以暗色为主，氛围含蓄内敛而又富于力度，适时加入一些时尚和奢华的气息，使整个空间的气质彰显中式古典的稳重与优雅，又蕴含了时代的精神，把整个空间从功能、感观和文化三个层面给予重新定义。

步入大门，在开阔的空间里，每一处的空间布局和家具摆设仿佛一个个装置作品，极具震撼力，同时把中式文化的主题引领得恰到好处。木格栅形状的装饰，贯穿着整个空间的布置，柔和华丽的灯光，深沉大气的大理石墙面，古朴气派的仿古家具，上演了一场奢侈之旅。

设计师采用借景、框景手法，在不同区域设置半穿透式隔屏，既联系各个场域，又自成别致视景。实木花格隔断为行进动线构成一步一景的视觉变化。塑造剧场式场景，创意性地调配建筑与历史元素，与时空展开对话，在有限的空间内引发无限想象。在材质及工艺手法上，模糊天然与人工的概念，同时将互相冲突的材质调和运用，对传统"天人合一"的哲学观念进行物态演绎，形成五感全方位的临场体验。

木制是自然的代言，也是最具表现力的材料之一。设计师环绕着景观中庭，在天花、隔屏、转角处，使用各种不同的元素和组件围塑出富有艺术感染力的景观，展现出一种健康积极的视觉空间语言。公共区域地面铺陈的镜面大理石营造出水池的感觉，让整个空间灵动起来。同时，借由几何形的建筑构件和古典风格的家具陈设的巧妙组合，平面上形成一个点、线的放射状空间，加上个性化照明灯具的节奏感和动感，给人一种简单干净之感。空间的丰富性与戏剧化效果，让每一个步入其间的观者感受到非凡的气韵，触目所及，尽皆完美。

左1：暗色调含蓄内敛而又富于力度

左2：实木花格隔断为行进动线构成视觉变化

右1、右2：古朴气派的仿古家具

造美合创

ZAOMEI INTEGRATE CREATION

设计单位：造美室内设计有限公司

设　　计：李建光

参与设计：黄桥、郑卫锋

面　　积：500㎡

坐落地点：福建福州

摄　　影：吴永长

造美合创建筑面积达 500 平方米，是一个设计产品的展示空间及设计产品研发空间。为了传达设计生活的美学，设计师主要把空间分为三部分：前部是设计产品展示空间，中部是品茗空间，后部是设计产品研发空间。

造美合创坐落在一个古色古香的古建筑群中，通透的长廊内阳光泻下，洒在原木制作的长条桌椅上，自然而温馨。二楼素朴的墙面、顶面和黑色的地面充满现代工业风格，和整面的古典花格门窗的混搭带来奇妙的视觉体验，而空间中面对面的中西式家具也相映成趣。传统元素与现代风格在此交汇和碰撞。

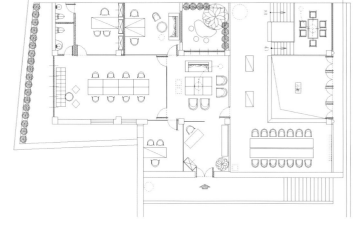

左1、右1：建筑外观

右2、右3：通透长廊内阳光温暖

右4：写意般的外观

左1：中西式家具相映成趣

右1：二楼空间

右2：整面的花格门窗

J&A姜峰设计深圳总部

设计单位：J&A姜峰设计公司

设　　计：姜峰

面　　积：3000 m²

主要材料：大理石、电光玻璃、方块毯、冲空铝板、拉丝不锈钢

坐落地点：深圳市南山区科苑路15号科兴科学园

完工时间：2014.08

摄　　影：申强

自然为艺术提供丰富的创作灵感和生命力，艺术为科技提供想象和创造的空间，科技为艺术提供实现梦想的方法。J&A 姜峰设计深圳总部办公空间的总体设计中，结合独具特色的中国竹文化，以"竹"为设计元素，用时尚简洁的手法将办公室塑造成为一个自然、科技和艺术巧妙融合的办公空间。

在公司形象 LOGO 的设计上，别出心裁地采用了"分"LOGO 的形式，各分公司的 LOGO 同时结合到生机勃勃的绿植墙上，形成一个整体的形象展示。前台区域是由黑、白、灰、红组成的浅色空间，这也是集团形象色的组成，正对着我们的是一个由无数个小 J&A 组成的大 J&A 雕塑。在前台设计上打破常规，将其设置在了一侧，可以最大程度地利用自然光线。前台背景墙上运用了先进的投影技术，配合自然风光主题的画面，结合休息区墙上断面竹子的立体艺术品，将整个前台空间烘托得开敞明亮、舒适自然。

会议室，全套智能系统及电光玻璃将会议对光线、温度、演示以及隐私等各方面的需求进行了一体化控制，确保工作高效舒适地开展。墙面、玻璃门、拉手上设计有各种形态的竹子。在开放办公空间，巧妙的天花设计与墙面艺术画相得益彰，散落的竹叶提供了基础的照明。酒店设计区和商业设计区中间连接部位的是材料展示库，有利于及时更新管理材料，让设计与材料更好地结合。

创意十足的 Central Island 前半部分是一配备了多媒体设备的吧台区域，方便设计师们开短暂的会议进行设计交流，后半部分是一个由"竹林"环抱的休息区，将工作与生活有机地结合起来。蛋椅、松果灯、书籍等让设计师们在工作之余得到充分的放松，激发无限的创作灵感。艺术廊展示了一些现代艺术珍品，一组两个人手拉手的抽象雕塑代表着我们与客户并肩前行的信念。在培训室的天花上一朵朵云彩代表着正在一步步走进云时代，走向无限可能的未来，而两边的阶梯座椅可灵活伸缩，以满足不同人数使用的要求。

董事长办公室的设计沿用了"竹"的元素，由公司 LOGO 和具有代表性项目名称组成的窗户铁艺屏风，设计上表现了中国传统的剪纸文化。带来温暖气息的真火壁炉和现代油画艺术形成冷暖色调的对比，构成了整个空间的视觉中心。

右1: 各分公司的LOGO同时结合到生机勃勃的绿植墙上

右2：整体的形象展示

右3：天花上一朵朵云彩代表正走进云时代

右4；沿窗小憩

左1：接待区

左2：会议室全套的智能系统确保工作高效开展

左3、右2：开放办公区

右1：材料展示区

左1："竹林"环抱的休息区
右1：空间局部
右2：走道
右3：会客区

YUAN ZHOU - QINGDAO

元洲装饰青岛店

设计单位：十分之一设计事业有限公司
设　　计：任萃
面　　积：565 m²
坐落地点：青岛
摄　　影：卢震宇

人人都想走在流行的最尖端，这里却封藏了旧时代的遗产。

关于时间，我们无可奉告，一切交付予所有细节和那些蠢蠢欲动的影子。

Vintage 一词已不仅止于单纯追忆过往时光的情结，现在它更托付了珍藏与重生，在大量塑化赝品工业化无限产出的年代，仅仅是一张椅子，能残留着多少手上的余温呢？

设计师抽取了那些珍贵的回忆层迭于崭新的后现代生活，空间中使用大量二战时所兴起的工业风格家具，微锈的金属与简洁复古的造型，拼贴木地板与水泥粉光地板的温润，活泼的几何拼贴马赛克瓷砖，共同与空间中材质的素肌将时光熬煮的又稠又软。同时穿插着后现代主义，空间的液化流动注入充满老灵魂的空间，白色表层丰富了空间中的表层形式，一如时代轮替的跳跃，又如这时代的包纳，将这过往琥珀色的追恋轻柔地迭进了一透明的厚玻璃罐中，静谧着等待光阴的结晶。

左1、右1：白色表层丰富了空间中的表层形式
右2：温润的水泥粉光地板

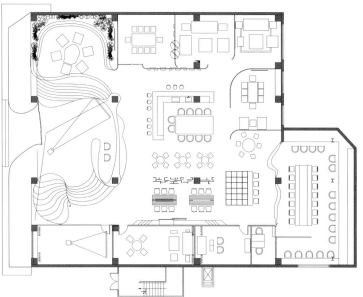

左1、右1：缤纷的色彩点亮了空间
左2：简洁复古造型的家具
右2：地面是活泼的几何马赛克拼贴

美的·林城时代办公室样板房

MIDEA LINCHENG TIMES
OFFICE SAMPLE HOUSE

设计单位：广州共生形态工程设计有限公司

设　　计：彭征

参与设计：陈计添、陈泳夏

面　　积：250㎡/110㎡

主要材料：木饰面、地毯、黑镜钢、工艺玻璃

坐落地点：贵阳

完工时间：2015.01

样板房之一

美的·林城时代是美的地产在贵阳注入巨资倾力打造的重点项目，整体规划由大型商场、休闲商业街、办公楼组成，位于贵阳未来城市中心 CBD 的核心地段。这是一套中小型公司的办公展示，设计以一家国际贸易公司为背景，整体风格简洁明快，突出开放办公和自然采光，在细节及选材上强调自然亲和的质感与氛围。前台入口虽不大，却通过背景墙的设置完成了空间的转向，而接待台后面的单向镀膜玻璃隔断的处理，让原本局促的前区空间从视觉上得到延伸，干净整洁的会议室也成为了前台的背景，体现了企业的开放和高效。公共办公区为开放式办公，并保证最大的景观面和采光面，这里每一个办公位都能远眺 CBD 的地标建筑，现代都市的天际线一览无余。天花集成槽的设计除暗藏照明外还能将各种设备整合，以保证天花的干净和整洁。充足的收纳空间和可移动的办公家具能满足样房售后使用的要求。在这里，设计的价值更多地体现对各种复杂条件的整合和优化，以及对市场和未来的预判。进入总裁办公室需经过经理室和秘书台，这样的递进设置既符合功能流线也让空间更有层次感，样板房通过对开放空间和私密空间的同时展示丰富了产品的空间多样性。

我们总是带着想象去生活，请注意，我们同样应该带着想象去工作。

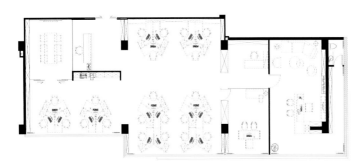

左1：接待台后面的单向镀膜玻璃隔断

右1：办公区一角

右2：会议室

右3：总裁办公室

样板房之二

本次设计任务针对不同的目标客户群分别设计了大中小三套办公室样板房，本案为其中的小户型，以小型文化传播公司为背景，整体设计简洁明快，在有限的空间中体现创造性和亲和力。

横向拉伸的线条贯穿于白色的主色调中，强化了空间的张力。轻巧的前台、独特的天花、跳跃的地毯，都体现出空间年轻而充满活力的气质。活动柜门被设计成可涂写的焗漆玻璃。最让人惊喜的是设计师将原建筑剪力墙与外墙之间的狭窄区域设计成一个可以观景的阅读区。

窗明几净的会议室，简洁明快的总监室，纯洁的白和青葱的绿，还有那无限的都市天际线和天边的一丝云霞，我们似乎看到了创业的激情、快乐和梦想。

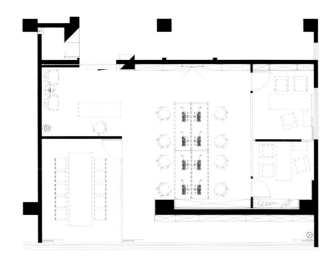

左1：轻巧的前台
左2：独特的天花
右1：纯净的白和青葱的绿
右2：窗明几净的会议室
右3：简洁明快的总监室

INNOVATION CENTER

创新中心

设计单位：北京清石建筑设计咨询有限公司

设　　计：李怡明

参与设计：吕翔、时超非

面　　积：15000 m²

主要材料：清水混凝土涂料、毛面中国黑花岗岩、木质穿孔板、白色涂料、佛甲草

坐落地点：北京市昌平区西小口东升科技园

摄　　影：高寒

创新的起源可以表达为一种以新颖独创的方法解决问题的思维过程，以超常规甚至反常规的方法、视角去思考问题，提出与众不同的解决方案，从而产生新颖独到的、有社会意义的思维成果，而创新中心本身就应该是这样一个充满着想象及挑战的场所。

由于本项目的开间进深都很大，甲方要求建筑面积的最大化，采光中庭宽度仅为 4 米，长度却有 50 多米，怎么给这个局促狭长的空间赋予独特的魅力，就成为本次设计的核心所在。窄、长、高的空间特点让我们联想到了"峡谷、高峰"，登上新的高峰就意味着创新的成功，这个理念正是对创新的完美诠释，设计也由此展开。首先构建出错落有致的采光中庭，这极大改变了原有的建筑及结构。中庭在形式上已经很错落，北侧为整齐垂直的透明玻璃幕墙，南侧为错落搭接的白色开窗盒子。既充分满足了室内采光的要求，又通过白色的挑檐及墙体很大程度上避免了南北两侧上下层的对视，同时也大大降低了造价。南北两侧采用截然不同的材料颜色及形态，相互对比之下更是强调出"峡谷"的险峻以及"高峰"耸立的态势。为了追求最大化的建筑出租面积，因势利导将调整后的采光中庭作为中心共享大堂使用。将东西两侧的建筑主入口位置均向室内中庭后退，这样既在入口前留出了一段过渡的灰空间，又缩短了主入口到室内中庭的距离，可感受到中庭的恢弘气势。同时采用斜线引导人流向中庭的交通核心靠拢，并在交通核心处做了空间放大，让客户有充分的时间和空间来感受中庭。

与中庭的"峡谷、高峰"相呼应，一层以"谷底"为设计理念。采用三条自由的折线连接建筑东西两侧的主入口以及中庭，勾勒出蜿蜒曲折的"谷底"形态。既避免出现东西两侧主入口直接贯通对视的情况，又将建筑的首层一分为二，南侧为创业者办公区，北侧为客户服务区，实现了对不同使用功能上自然而然的分区。在选材上延续了中庭简洁的颜色材料对比，首层仅加入了灰色调，柱子采用清水混凝土的涂料饰面，地面采用毛面的丰镇黑花岗岩。北侧的折线即为开放式客服办公区与大堂的分界线，采用整面的木质穿孔吸音板作为分隔，东西两侧均以不规则的四边形作为出入口。办公区内部采用不规则的自由折线形服务台，色调呼应大堂的黑白灰，局部加入了蓝色烤漆玻璃，体现科技园区的特质。休息等候区的家具融入些许橙色，传递出园区对客户热情的服务。

原建筑的首层电梯厅空间狭窄，我们在电梯厅外加设了一个过渡的等候场所，依旧采用大堂整体的冷静色调，变幻的折线元素营造出一个理性而又不失动感的特

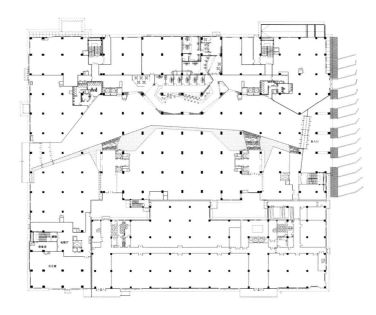

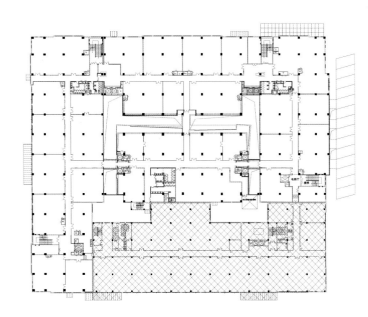

色空间。照明力求简洁与创新，公共区域均采用线性照明，并与线形风口结合在一起，不规则布置使整个天花既平整又动感。客服区域采用点状的功能性照明，从公共区域中脱离出来，强调特有的空间属性。中庭的线性照明很节制，仅仅通过地埋灯照亮白色盒子的凹处，一方面凸显空间原有的造型感，又能巧妙地通过另一侧玻璃幕墙的反射效果增大了空间感，照明成本能够得到很好的控制。这些地埋灯设计为可调色温的，通过电脑的控制偶尔地变化出彩色，为平静的办公楼注入激情，激发创新。

右1、右2：错落有致的采光中庭

左1：中庭夜景
左2：电梯厅入口
左3：电梯前厅
左4：中庭
右1：东侧大厅
右2：服务中心

HUAXIA REAL ESTATE
OFFICE

华夏置业办公室

设计单位：二合永空间设计事务所
设　　计：曹刚、阎亚男
面　　积：1100㎡
主要材料：火烧面石材、乳胶漆、木地板、原木板
坐落地点：郑州
完工时间：2015.02
摄　　影：吴辉

弧线是一种形态，留白是一种心境，当两者在光的撮合下，弧线、斜墙已经不再是那位调皮活泼的"少年"。留白、光影也不在是那位宁静、祥和的"长者"，而是矛盾冲突后的另一种宁静。

本案在整体设计上以东方情绪与西方线条的相互融合为出发点，通过光影、留白、弧线、斜墙之间的相互作用营造出一份别样的宁静。一层大厅的设计通过对一层顶部的拆除处理使一二层在空间上相互融合，弧形墙体与白色的搭配让空间化繁为简，顶部隔墙部分为中国园林里的门窗造型，在自然光的作用下影射在麻质的画布上，形成一件光线绘制的艺术品，随着时间上的推移，影在画布上的造型也在随之变换，一直到慢慢消失。傍晚时分室内灯光开启，LOGO灯接替了自然光的角色，一束光斑让画布与灯形成了另一件艺术品。

二层空间设计借鉴了园林设计中移步换景的手法，只是"景"在设计中有了新的内容，鼓、秋千、光影、木墩、枯树、石柱代替了假山奇石，弧线斜墙代替了青砖灰瓦。接待室里红色大鼓被用作茶几，在白色斜墙的映衬下想必在此处等待、喝茶，也别有一番趣味。中式条案、改造的秋千、橘色的墙体、彩色的木头墩子、黑色的格栅、原始的水泥顶，诉说着这里的使用者也是一群活泼调皮的年轻人。光影、人与空间的相互融合也是一个小小的特点，你可以在LOGO灯的映射下用手做出各种有趣的手影来映射在墙体上，在这里你可以是展翅雄鹰也可以是乖巧的小绵羊。黑色钢管在光线的作用下映射在每一个路过的人身上，时刻提醒着你才是主角。在光、影、墙体的相互作用下空间有了不同形态，也有了不同的情绪，每个人对空间都有了自己的感知与心境。

左1：一层大厅
右1：一二层在空间上相互融合

左1：光影和留白营造出一份宁静
右1、右2：枯树、秋千、光影代替了假山奇石
右3：红色大鼓被用作茶几

PAN服装工作室

设计单位：内建筑设计事务

主要材料：橡木地板、红砖、木材、手刮漆

坐落地点：杭州财富中心

完工时间：2014.11

摄　　影：陈乙

工作室的整体空间如故宫王府破墙上的鬼影，不过是不死之游魂出来闲逛，想念当下的喧嚣，何时可以再自然的浮现？"舞台"给个戏剧的场景是共处一室，看见你的哀愁、撇见我的浅薄，何干？水晶棺内、吸血之后、或可永生，见怪不怪，皆为杜撰。既无出处又无来路，只是臆想，这一切的空间幻觉都是设计师制造出来的"借尸还魂"的壳。

左1：整体空间如故宫王府破墙上的鬼影
右1、右2：样品展示
右3：各场景共处一室

虹桥万科中心

HONGQIAO VANKE CENTER

设计单位：麟美建筑设计咨询（上海）有限公司/麟美国际陈设机构
设　　计：董美麟
参与设计：贾怀南、李浩澜
面　　积：800 m²
摄　　影：金选民

未来办公的全新体验，魔都散发着魅力的魔力盒子此刻全新开启。

作为万科的老朋友，起初分析设计虹桥万科中心的时候，遇到非常大的困难。天、地、墙都不能改动，天花已完成的格栅吊灯和地面的架空地板，以及现场不能进行的水作业，都无形中增加了设计的难度。然而更为苛刻的是时间节点上的紧迫，我们不得不退而求其次，将所有的设计道具化，然后实现现场拼装和无水作业。为了秉承万科"让建筑赞美生命"的核心理念，以及利用虹桥万科中心的独特地理优势的卖点，DML Design 和万科的设计团队，准备了大量的前期工作，一切的认真和责任，对专业的态度是我们彼此信任和吸引的第一源动力。

首先我们提出了一个方向性问题，什么是理想的办公空间？在无数的讨论会议中，最终用"着眼未来，不断创新"这几个饱含了想要为消费者提供理想空间的沉甸甸的八个字，打动了我。在设计中大量运用了绿色植物，将外景引入室，回归自然还原自然，让所有体验者无论在工作还是生活中都享受着呼吸。建筑外观如宝石般通透，花园般的景观设计别具一格。我们给空间赋予了魔力盒子一般的能量，连续将不同大小如钻石般剔透的玻璃盒子及植物框架结构的魔盒，错位排列，既满足空间动向，又能深切体现无法可依又有理可循的自然哲学。

在色调上除了延续将花园景观引入室内，还设计了部分橘色的分割界面，希望每一位参观者都能体会到万科以及 DML Design 的用心，那些如阳光般的温暖，是我们想努力想要传递给每一位业主的真心。有良知的企业是体验和智慧的融合，这也是 DML Design 和万科合作多年的最大感受，他们的努力和用心就像一盏明灯，感动着你我，每一次点滴的付出，都体现在万科呈现出的所有细节上，无论是建筑、景观、室内设计、软装陈设，乃至设计之外营销市场团队提供的所有帮助，以及工程团队高效率的协调配合，甚至物业的严格管理，都写在这个橘色里。像施了魔法的盒子，深深地吸引着你我。

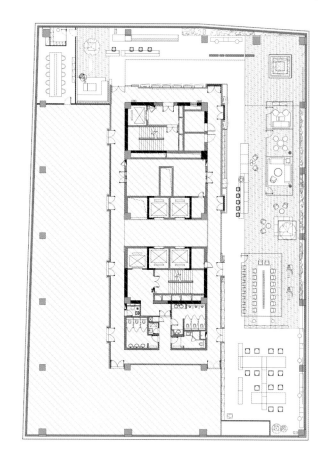

右1：接待台
右2、右3：大量运用绿色植物

Vanke believes that a true masterpiece is like a dimond,naturally born to shine,lessoning essence of heaven and earth through time. It is carefully picked and carved by the finest artists and craftsmen to achieve a shape of balance and an overall perfection,shining splendidly in the midnight sky.

左1：会议室

左2：模型台

左3、右1：橘色的分割界面如阳光般温暖

右2：白色为基调的办公区域

TECHNOLOGICAL DIGITAL
MALL LOFT APARTMENT

科技数码城LOFT公寓

设计单位：广州共生形态工程设计有限公司

设　　计：彭征

参与设计：吴嘉、黎子维

面　　积：124 m²

主要材料：砖、木饰面、烤漆、地毯、不锈钢、玻璃

坐落地点：广东佛山

完工时间：2015.01

如何在一个不到 70 平方米的公寓中设计一个功能齐备的办公空间？设计师运用 LOFT 的设计手法来解决功能要求，同时为目标客户展示一个多功能的商住空间的可能性。项目位于佛山东北部，毗邻广州，周边业态多为中小民企，如服装、汽配、轻工产品及材料配件等。本案定位是以小型汽配代理（研发）公司为设计背景，一楼包含展示区、公共办公区、洽谈区和卫生间，夹层则包含会议室和经理室，改造后的公寓面积由 67 平方米扩大至 124 平方米。

设计以现代简约的白色调为主色，深灰色地毯强化了空间的明度对比和张力，高调简洁的色调和扁平化的设计风格营造出一个纯粹、干净的国际化办公空间氛围，挑空的中空让空间形式更加丰富的同时也便于采光和通风。

左1、右1：深灰色地毯强化了空间的明度对比和张力
右2、右3: 空间局部
右4：办公区

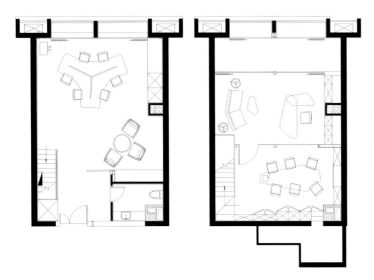

左1：以现代简约的白色为主色

左2：走道

右1：高调简洁的黑白色调对比

右2：夹层包含会议室和经理室

鼎丰创展公司办公楼

设计单位：瑞设计公司
设　　计：杨永豪、王国边
面　　积：1200 m²
主要材料：大理石、钢板喷塑、手感漆、地毯、彩膜玻璃
坐落地点：浙江宁波
完工时间：2014.10
摄　　影：刘鹰

极简主义的出现最早表现于绘画领域，主张把绘画语言削减至仅仅是色与形的关系，用极少的色彩和极少的形象去简化画面，摒弃一切干扰主体的不必要的东西。融入装修设计风格后，极简主义将现代人快节奏、高频率、满负荷的办公空间转换成一种可以彻底放松、以简洁和纯净来调节和转换情绪的空间。

本案设计便是用一份极简的色调和线条来勾勒出各部分的办公功能区域。在色调方面，白灰主调使空间现代感和未来感兼具。偶尔插入的绿色和鲜红色令整个空间备感活力而又不那么过于跳脱；整块的金色又凸显出尊贵典雅。

细观各功能区间，在办公室的处理上，设计师用白绿色鲜亮地组合在一起，一下子赋予办公环境活泼的氛围。会议室白绿色的搭配也与之呼应，极简的会议桌和几个直角所构成的线条彰显严肃感，整个空间也因此而变得立体起来。惬意的公共空间内，实木高脚凳点缀，质感十足的材质与一旁休息室的绿沙发形成了极佳的过渡。

再看前台，整片白色背景上点缀着整块的金色LOGO与铭牌，极简之中霸气凛然。值得一提的还有地毯的选择，依然是极简的线条组合，辅以蓝灰色的主色调，简约里透着舒适。

左1、右1：入口处
右2: 办公区

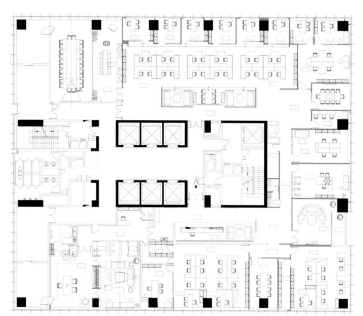

左1：白绿色的鲜亮组合

左2：会议室彰显严肃感

左3：实木高脚凳点缀

左4：过道

右1：红色秋千

TIANMAO DESIGN
INSTITUTE OFFICE

天茂设计院办公室

设计单位：江苏天茂设计院

设　　计：曹翔

面　　积：400 m²

主要材料：石材、成品木饰面、块毯、实木地板、成品玻璃隔断

坐落地点：南京市江东中路万达广场

完工时间：2014.09

摄　　影：贾方

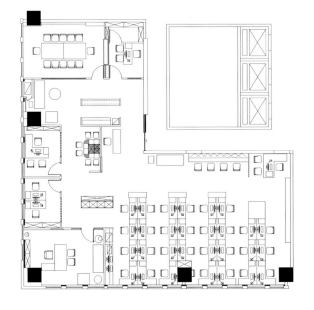

本项目是我们自己新的办公室，设计之初，大家一起探讨：设计公司自己的办公室，应该呈现什么？是文化的堆砌、色彩的绚烂，还是材料的夸张组合？结果都不是，我们只是需要一个纯粹的办公环境。

最小限度地压缩独立办公室，尽可能设计出最大的开敞办公区，并给予最好的自然采光，能容纳所有设计人员，以适应创作过程中随时存在的即兴头脑风暴。前台接待、水吧台、讨论区形成一个岛区，丰富了空间层次；讨论区和休息区适用于正式、非正式的相对私密的讨论、交流、会议等功能需求；水吧台位于各公共功能区的中心，使用便捷；会议室除了日常会议外，更多是用来对内外的交流、洽商及汇报，设置的调光系统满足不同的场景需求。

空间注重收边接口和层次上的细节，整体表现简洁利落，用类似"迷宫"的图案进行演变，连续的纹样浅浅地表达着设计的深邃和传承。

左1：前台和水吧区在空间中形成岛状

右1：绿色点亮了白色空间

右2：办公区

左1、左2：公共区域的过道
左3：黑白灰的色调用不同材质的质感来体现对细节的追求
右1："迷宫"图案进行演变的连续纹样
右2：讨论区

左1、左2：公共区域的过道
黑白灰的色调用不同材质的质感来体现对细节的追求
右1："迷宫"图案进行演变的连续纹样
右2：讨论区

卡蔓时装集团总部办公楼

设计单位：JDD经典设计机构
设　　计：江天伦
参与设计：马桂海、杨帅、甄结壮
面　　积：12000 m²
主要材料：雪花白大理石、烤漆板、皮革、灰镜
坐落地点：广东虎门

卡蔓时装集团是从事时尚女装的设计与制作，室内设计师创意巧思的把女装布料的轻盈、轻柔的纱幔贯穿到整个设计中。在主要空间中塑造了富有企业文化寓意的艺术装置，带来空间乐趣。前台接待处一体成型的发光卷帘，视觉效果惊艳之余带来更强的空间感和设计感；石材楼梯卓然大气而格调不凡；极具特色的空中花园，玻璃镂空的天花设计，自然采光接天地之灵气，夜幕渲染的那一抹湛蓝，彰显非凡情境。

左1：前台接待处一体成型的发光卷帘
右1：温润的地面

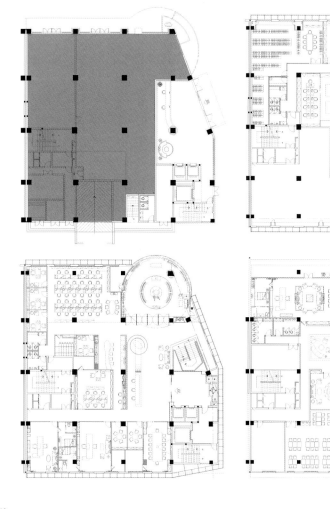

左1：休息区
左2：石材楼梯卓然大气
右1、右2：玻璃镂空的天花设计
右3：夜幕渲染出那一抹湛蓝

并投稿至《2014中国室内设计年鉴》，编委会在毫不知情下予
以刊登，特此表示歉意。

告示：关于唐封龙盗版侵权江天伦的作品"卡蔓集团办公楼"
并投稿至《2014中国室内设计年鉴》，编委会在毫不知情下予
以刊登，特此表示歉意。

老房有喜

HAPPINESS IN THE OLD HOUSE

设计单位：荷丹建筑设计事务所
设　　计：刘雪丹
面　　积：65 m²
主要材料：旧木、水泥、石灰、旧木地板
坐落地点：合肥
摄　　影：金选民

往小区深处前行，曲里拐弯却无需指引，隔着芭蕉听雨声，耳畔仿佛是《小石潭记》里如鸣佩环的清音，循着圆砖埋下的伏笔便来到了老屋门前。是后院新开的门，灰色砖墙砌得正直厚重，而不忘嵌入些许俏皮，檐上覆着绿叶做的厚厚刘海，屋门半掩，一切的细节都在透露一个讯息——老房有喜事。

推门而入，小院里绿意葱茏。芭蕉毫无争议地领衔了这初夏时节里的花木盛事，蕉叶一旁，健硕而沧桑的原木依墙就势搭造出一个出人意料的"美人靠"，大观园里的"蕉下客"是果敢的三姑娘探春，此时此地若有人蕉下休憩，那也该是个俊眼修眉的风流人物。

老房有喜事，传统的工艺与自然的装点让老房重获新生。又一重玻璃门推开，灯光柔暖，岁月如歌萦绕在屋内。脚下是未曾更改的水泥地板，头顶上充满怀旧感的绿色军工电风扇仍在如常转动，东墙由两扇从北方百年老屋拆下的柿蒂纹原木门板改造成了一道屏风，对角墙边的立灯则来自最具西方感的宜家，挂钟和斗柜显然都是老屋的忠实伙伴，白墙上花影婆娑，一切古老与现代、传统与西方的对比都毫无违和感，因为它们同样代表着生活本真的质地，朴素、自然、坚韧。

接下来便没有门了。因为做办公用，室内除了卫生间，所有的门被取消，改善了通风与采光。而在天青色等烟雨的日子里，灯光仍是亮点。老榆木门板裁成的长桌毫无疑问是沙龙所在地，所有意见与风度都会自然朝此处聚集，在充满关怀的灯光下，红茶与白兰瓜都具备了美学价值，谈笑间该是怎样妙语频出？

为使格局更为通透，人工凿出了一扇空气"门"，工作区与卫浴区之间没有了坚硬阻隔，红砖原始的肌理裸露在视线中，是对缺憾美的高调尊重；书架旁停放着蓝色简易儿童自行车，是在温柔怀念你我的童真；青铜质感的电灯开关，是工业革命时代的产物，在今天的每一次触碰，都仿佛在触碰那个生机勃发的时代脉搏。凡人工所为，必不完美，而只有包含了无可替代的人工，才能随时间沉淀出非凡的价值。

每个房子最初都是新的，每个家庭在搬进去的第一天都有着无限欢欣与希望。房子会老，而真挚的情感不染尘埃。老房子有一千零一种升级方案，这是其中之一。

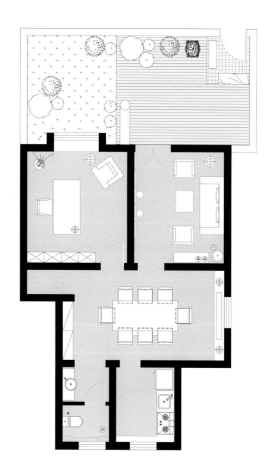

右1：从起居室望向客厅
右2：庭院
右3：除了卫生间所有的门被取消

左1：客厅
右1：工作室
右2、右3：卫生间细节

朗诗集团钟山绿郡办公楼

LANDSEA GROUP
ZHONGSHAN LVJUN
OFFICE BUILDING

设计单位：南京万方装饰设计工程有限公司
设　　计：吴峻
参与设计：陈郁、姚明网
面　　积：3200 m²
主要材料：木饰面板、烤漆钢板、麦秸秆、穿孔石膏板、烤漆板、钢化玻璃、硬包墙板
坐落地点：南京
摄　　影：吴峻、花磊

朗诗集团的办公总部位于南京仙林，是一座简约式的现代建筑。本案的目的在于引入当代办公空间设计的最新理念，结合朗诗集团倡导的"绿色环境"主张来打造一个既符合使用需求，又体现业主企业精神的办公场所。

设计从原建筑的空间特色出发，创造了"夹心"式的空间格局，即将办公环境中的公共服务性空间设置于本楼层的核心，同时通过"非正式交流区"来满足行为需求并丰富空间形态。在材质和视觉设计上，始终遵循绿色环保的原则，采用了自然环保的装饰材料，并尽可能利用自然光线达到室内节能的效果。色彩方面，力求以材质的自然本色来形成清新明快的室内色调。

左1：展示功能的细部设计
右1：门厅与企业展厅的融合

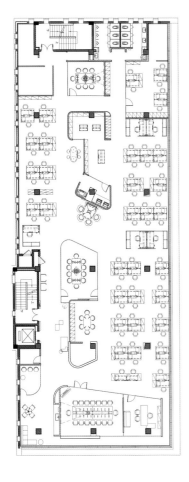

左1：休息与交流的空间

左2：办公空间的非正式交流区

右1：高管层的接待空间

右2：通透的室内空间

YINHAOXUAN OFFICE

新浩轩办公室

设计单位：宁波浩轩设计

设　　计：郑钢

面　　积：300 m²

主要材料：金刚砂地坪、水泥艺术漆、混泥土凿面墙、木饰面、艺术马赛克

坐落地点：宁波

完工日期：2014.10

摄　　影：张学泉

从浩轩的老办公室（LOFT独栋），到目前的新办公室的调整。是一种心态的转变，是一种工作环境的转变，甚至是一种生活品质的转变，因为是两种截然不同的环境和建筑类型。

本案设计初期，设计的重点是放在如何优化室内建筑空间之上，因为是个底层挑高6米的景观商铺形态，空间中有许多大楼的结构柱、剪力墙、消防管道、排水管等，在如何利用好整个挑空空间，最大化绽放空间的舒适度，是最早一直在思考的设计重点。

6米的层高、朝东南的落位、南向的景观河景绿化，这些元素的混合，在设计深化思维中，重新进行了空间搭配，二者发生了很巧妙的发酵。我们把空间总体分为上下两层，一层是门厅挑空空间和物料中心，二楼东南角的落地窗视野区全部安排为设计师办公区。对空间进行了人性化的划分，充分利用了室外环境，让人愉悦放松地去享受创作。

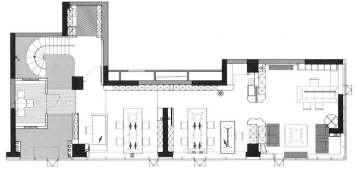

整体办公空间运用黑白色、几何块面及曲线、光影及自然光的结合效果，来完成总体功能分区的划分和定义，最大限度的完善原有建筑空间的不足，最大可能提升现有空间的优越性，来满足整个创作团队的功能需求和工作品质的提升。设计中采用了简单的物料组合，在优化空间的同时做到了功能性和实用性的完美结合。一层的门厅同时也承载着企业文化的传达，整个空间由很多条弧线点缀，弧形的楼梯、延伸出来的半弧形地面、简约的汉白玉石子枯景，让人冥想的企业雕像坐落其中，结合不定期的枯景图案制作，传达设计团队的活跃创作思维。在雕像的上方，挑出一个马蹄形的趣味空间，外观用条形木条包围，利用挑廊和整个二楼的创作空间连在一起，寓意创作动力的源泉，空间中可以休息、看书，或是冥想。大厅的原有结构柱是设计师特意保留下来的，特意强化了表面处理，用混泥土的粗糙质感和整体细腻的装饰环境形成适当的反差。整体空间的色调也进行了深浅的比例调配。白色是主导色，黑色部分的体量感和存在感在空间中进行过拿捏，通过光影的穿插让空间更显层次感。

右1：门厅局部
右2：楼梯间
右3：物料间
右4：门厅全景

ENJOY
DESIGN
ENJOY
LIFE

左1、左2、左3、左4：设计部
右1、右2：总监室

VIVE DESIGN STUDIO

一野设计工作室

设计单位：一野设计

设　　计：杨航

面　　积：160 m²

主要材料：木质地板

坐落地点：苏州工业园区星湖街

完工时间：2014.12

摄　　影：AK空间

将160多平方米的空间分隔出四大功能分区，包括办公区、洽谈区、休息区、会客接待区。主要表达简单而不失时尚，美观而不失风格的设计特点。

为了突出设计公司的主题，公司入口处墙面内嵌的字予人深刻印象，入口处的地面拼花砖定制砖也注入了"一野设计"四个大字。走进工作室左手边是会客接待区域，用镂空木质板把空间分隔开来，地面铺设青灰色地砖，墙面扫白挂画，木质灯具简单大方。

再走近一看整个空间豁然开朗，首先一个大岛台映入眼帘，岛台用木地板制成，上方灯具由自己设计，中间吊挂起来的朽木是一大亮点。岛台的左右两边都是办公区域，靠窗角落里的干枝树以及三个榆木书架更彰显了中式的味道，两堵档案墙记载着客户与我们共同走过的路程。2015年又是一个新的开始，我们会做得更好。

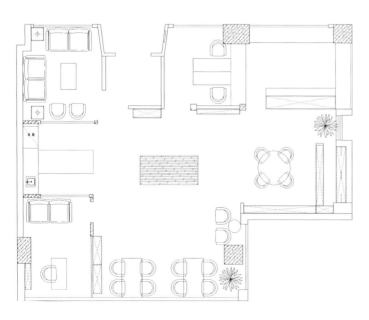

左1、右1、右2：地面铺设青灰色地砖

右3、右4：镂空木质板区隔空间

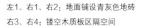

左1：中西家具的混搭
左2：岛台用木地板制成
右1、右2：空间局部
右3：墙面扫白挂画

田野办公

TIANYE OFFICE

设计单位：米凹工作室
设　　计：周维
参与设计：许曦文、苏圣亮、陈婷
面　　积：428 m²
主要材料：白色烤漆钢板、竹地板、割绒地毯、白色亚克力
坐落地点：上海浦东新区
摄　　影：苏圣亮

业主是一家从事有机农业投资的公司，希望通过一个集展示、参观、洽谈于一体的办公室来体现其主营方向。办公室位于上海最繁华的商务区陆家嘴，从办公室内就能将浦江两岸尽收眼底。

一亩农田被置入这样一个高层办公楼中，抽象的玻璃盒子与绿植交错组合，产生丰富的路径和通透的视线，使办公室中的每个人都能拥有身在田野却坐拥黄浦江美景的独特体验。

绿植被分为高低不同大小不一的四个部分，以水平或垂直的方式布置在办公室中。与不同的功能空间相结合可引发多样的活动，或站或坐，或停留或穿越。新兴的LED 植物补光和自动灌溉技术模拟了室外的光线和湿度环境。这样的环境不仅满足了植物生长的需要，也使人们忘却了身处高层办公楼中。

有香气、甚至可以食用的植物改变了整个办公室的气味。喜阳的薄荷、迷迭香、罗勒被种植在南向的窗边，靠近员工工作区，阳光有利于植物的生长，散发的清新气息令人愉悦。豆瓣绿、黄金葛等耐阴性强的植物组合种植于绿墙上，绿墙系统自由度较高，可随季节更替变换植物种类。

办公室内没有阻隔视线的"墙体"存在，玻璃盒子最大程度地保证空间的通透性，不同高度的植物使空间的层次变得丰富。植物种植的花池采用白色烤漆钢板和亚克力的组合，精致轻盈具有漂浮感。固定家具则适当减小尺度，使植物更为突显。

越过办公接待区，尽端的会议室被包裹在视野最佳的转角内。竹地板与草绿色圈绒地毯相组合，进入时的脚感变化明显，仿佛踏入田野。在这里，人、植物和江景，彼此感知和体会。

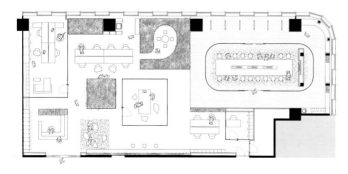

右1:位于室内中心的洽谈室被三片各有特色的绿植包围，营造出安宁平静的氛围
右2：入口处的前台与接待区，通透的办公环境中，白色的家具与墙柱一体，使整体空间干净透明，绿植与绿色地毯标示出各空间的属性与相互间的连续

左1：员工工作区与休息区，在窗边为员工创造了一片可供休息的绿色空间

左2：从洽谈室望向会议室

右1：会议室外围选用硬质的竹地板，内部则选用柔软高档的浅棕与绿色渐变混编的地毯，意图在触觉与视觉上形成踏入草地般的微妙感

受，会议室外部的空间被塑造成吧台与企业文化展示区，为可能进行的商务酒会提供条件

右2：室内一景

海能达通信股份有限公司总部

设计单位：深圳市黑龙室内设计有限公司

设　　计：王黑龙

参与设计：王铮

面　　积：20000 ㎡

主要材料：石英石、雅士白云石、人造石、塑胶地板、吸音板、木饰面、扪布

坐落地点：深圳市高新技术产业园北区北环路海能达大厦

摄　　影：刘永报

设计以一种隔而不断的方式将接待背景和天花一体化，解决了空间界面过于纷乱的问题，使大堂有序并具有理想的空间气度。比例讲究的格栅组合透光通气，整体却不沉重，既能划分空间又能使大堂和连廊相互联系，从大堂仰望连廊光影交映变幻，诗意和谐。经过设计后的大堂界面完整，条件理想，内空高 8 米，进深约 10 米，开阔而通透，结合墙面造型，给人以上升态势和挺拔感。

简练大气的格栅组合具有极强的发射感，符合设计主旨，同时也吻合了通讯企业的行业特征。附着于格栅侧边的海能达 LOGO 造型与格栅一体化，干净利落，随观者角度变化而时隐时现，以含蓄的方式诠释了企业内涵。纯白硬朗的接待背景，一者为了衬托企业 LOGO，二者是整个空间系统化设计的延续，并且使空间具有较好的持久性，不易产生视觉疲劳。

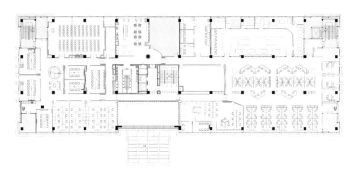

左1、右1: 简约白色点缀上绿植

右2：海能达LOGO造型与格栅一体化

左1、左2、左3: 空间局部

右1: 走道

右2: 小会议室

右3: 办公区

左1、左2: 休息区
右1: 纯白硬朗的背景

WUDANG CAR

武当1车

设计单位：文焯空间设计事务所

设　　计：谢文川

参与设计：严慈、戴飞

面　　积：800 m²

主要材料：石膏板、植物墙、塑胶地板

坐落地点：湖北省十堰市白浪中路

完工时间：2015.02

摄　　影：张浩

本案设计完全打破传统的办公空间设计思路，把环保健康低碳的生活理念融入到整个办公空间，整面的植物墙体现了企业旺盛的生命力。圆弧及曲线主宰着整个空间，使空间如流水般灵动自然、润物无声，配以米黄色及白色，更突显了温馨整洁而不失干练的感觉，极富人情味儿。完美的弧线贯穿了整个空间，地面写意的线条明确了整个空间的动向，敞开的办公区域让大家的沟通和学习更加方便。空间的通透性和视觉冲击在这里体现得淋漓尽致，办公室背景的书架和办公桌都极具视线的延伸性，整体空间设计营造出的是超越现实般的，"TRON"一般的科技感与未来感。

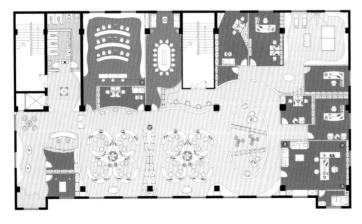

左1：整面植物墙体现了企业旺盛的生命力

左2、右1：圆弧及曲线主宰着整个空间

左1：地面写意的线条明确了空间的动向

左2：影音室

右1：休息区

CHINA ECOLOGICAL OFFICE DISTRICT ENTERPRISE CLUB

中企绿色总部中企会馆

设计单位：广州共生形态工程设计有限公司

设　　计：彭征

参与设计：梁方其

面　　积：50000 m²

坐落地点：广东佛山

完工时间：2014.11

中企会馆位于中企绿色总部园区二期，原本两栋独立的企业总部被合二为一，设计成一个以服饰文化为主题的会所。建筑地上五层，地下一层，一楼为大堂和接待处，并设有容纳 200 人的时装发布厅；二、三楼为办公室和会议中心；四楼为会所式餐厅和酒吧；五楼为 VIP 私人会所；总面积 5000 平方米，是一所集展示、商务、会议、办公、休闲于一体的大型会所。

设计突出"礼宾"、"专属"、"品质"、"底蕴"四个关键词，融合现代奢华与独特典雅于一体。整体设计风格豪华稳重，雍容典雅，怀旧的百老汇经典场景与东方装饰主义风格并存，体现了东西方现代文化的共荣共生。

室内设计强化了建筑空间的优势，巧妙地运用自然光与各种灰空间，并赋予丰富的空间体验，这里有 15 米高的中庭，引入自然光的天窗，6 米高的时装发布厅和有水景的地下室。漫步于建筑之中，各种经典场景的闪回，东西方文化的交融共生，如同展开一场步步为景的心灵旅行，我们期待这个空间充满丰富的体验和令人难忘的故事。

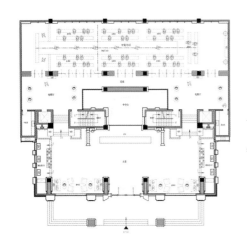

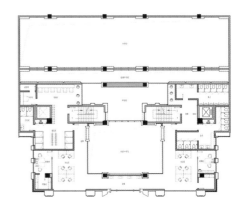

左1：外部全景

右1：大堂和接待处

右2、右3：光线与空间完美结合

FUZHOU PINGNAN CHAMBER OF COMMERCE

福州屏南商会

设计单位：子午设计

设　　计：施传峰、许娜

面　　积：336 m²

主要材料：陶瓷、软膜、玻璃

坐落地点：福州

摄　　影：周跃东

完工时间：2014.08

作为福州市屏南商会使用的私人会所，设计师以汇聚东方灵气和西方技巧的新东方主义风格作为空间的整体格调，并融入屏南的风情文化，打造了一个雅致有余的气质空间。这个空间简约而素净，没有一丝杂乱和多余的装饰，饱含禅意的东方气韵让人产生心灵的共鸣。

屏南商会会所空间面积300余平方米，前身为办公室空间，在预算十分有限的条件限制下，设计师尽心寻找合适的材料，力求在低成本前提下也能达到完美的空间效果。空间整体呈长方形格局，从入口进入内部是一个逐步递进的过程。进入会所前需要穿过一个回廊，回廊地面以汀步的形式铺设，白色的细碎鹅卵石配上黑色大理石汀步，流淌着自然的气息。墙面和天花以方钢拼排而成的栅栏装饰形成一个半包围空间，方钢被粉刷成黑色与地面搭配，埋设在地面的射灯向上照射形成迷人的光影效果。站在回廊里像是穿过一个隧道，在尽头一块中部镂空的石壁屏风挡住了大部分的室内风景，但中部的圆洞就足够引发人们的好奇心。这样的设计不仅与古时照壁有着异曲同工之处，同时又使用到园林的造景技艺。

绕过照壁会所，空间正式展现在眼前。空间以中轴为线分割为左右两个区域，中线用屏风装饰。左侧空间以一张10米的长桌为主体，大体量的黑色木桌加上摆放整齐的高背椅，带来不小的震撼感。地面大面积用青砖铺设，在桌椅摆放区域选用米黄色瓷砖拼出简单的花纹代替了地毯。顺着桌子望去，尽头的墙面细细描绘着水墨山水画，这样洗尽铅华的美感不沾染一丝俗世的嘈杂。右侧空间为别具一格的下沉式茶座区域，紧邻茶座的装饰墙也创意十足，整个墙面用等量切割后的PVC管整齐排列而成，背后辅以软膜，将灯管藏匿其后，光线透过软膜散发形成有趣的光影效果。吊顶看似立体实为平面，边框用黑色颜料描绘出效果。室内光线除了装饰性的吊灯外，最主要的则是单点射灯的照明，可控的点射光线对于空间氛围的营造起到至关重要的作用。

空间后部的回廊延续前部汀步的基调，门洞用PVC管切割组合成钱币样式。回廊摆放上石首、石柱作为装饰，墙面以工笔画的方式描绘着屏南著名的万安桥，让屏南的文化气息融入在空间之中。整个会所空间色彩简约纯净，视觉比例恰到好处，空间的动线流畅且层次丰富，写意般的空间氛围让置身其中的人们由心感到放松。

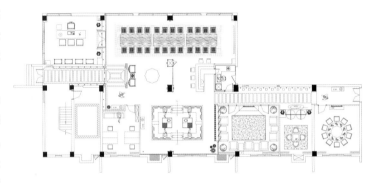

左1：以汀步的形式铺设的回廊地面

右1：空间以中轴为线分割为左右两个区域

右2：别具一格的下沉式茶座区域

左1：室内一景，充满屏南的文化气息

左2、左3：墙面以方钢拼排而成的栅栏装饰形成

右1: 会所空间的左侧

JINAN YANGGUANG 100
ART GUILD

济南阳光一百艺术馆

设计单位：深圳市派尚环境艺术设计有限公司
设　　计：周静
面　　积：2888 m²
坐落地点：济南

本项目有着艺术品展出和售楼的双重功能需求，如何打造一个"艺术馆里的售楼处"是我们设计的切入点。希望借由良好的艺术氛围来提升售楼处的空间内涵，给项目注入丰富的人文素养和艺术感染力，从而提升项目的整体品质，营造出符合项目发展需求的全新形象。

同时，这个项目也给我们带来了多重挑战：由于造价限制需要以尽量低的硬装造价，来实现具有品质感的空间效果；不能对原有机电进行改造，因此天花不能尝试层次变化丰富的造型，给创意带来诸多限制；施工工期极短，需要选用尽量易实现的方案；会馆的意向展品和配套功能设施偏向中式风格，需要处理好极简空间形态和重视陈设之间的关系。最终在深化设计的过程中，我们找到了在多重限制条件下，赋予空间独特气质的途径：简单的线条在大块面的形体上勾勒出具有东方禅意的空间轮廓。

在大的空间区域中，用多样化的艺术品陈列柜进行二次空间细分，无论处于任何区域均可体验到置身艺术品鉴赏空间的氛围。镂空柜体与白色实墙相互映衬，视觉效果丰富多变，淡化了空间的限定，从而促进了人与空间的对话。陈列柜以深色木质的柔和色调和经过简化提炼的中式传统家具形态凸显出色彩丰富的艺术品。一层会馆入口的双层挑空区域，以毛笔和泼墨画传递出灵动淡雅的书画意境，巨大的体量也使这组装置具有了戏剧性的装饰效果，成为会馆一个重要的记忆点。二层接待台和一层贵宾茶座的天花装置，采用了传统青花瓷的色彩绘制工笔白描植物图案，为功能性的设备赋予典雅精致的气韵。经过简化提炼的中式木格元素在空间中重复使用，作为空间界定、视线引导、加深记忆的重要道具，并呈现出多变的光影效果。

家具的形体和材质均经过精心的选择。木制家具的线条轻盈简洁，造型呈现出比较刚性的形态，但同时追求丰盈的木质纹理、自然的触觉和柔和的漆面光泽；布艺家具体量敦实，但造型则柔美圆润，部分辅以细致的图案点缀。设计师希望通过家具形式的选择，传递出东方传统所追求的刚柔并济的哲学思维。家具色彩则根据各自所处空间，讲究与界面装饰、陈设品的搭配和呼应，一起构建起一个完整缜密的空间气场，在营造沉稳静逸氛围的同时，坚定地表达现代东方的美学态度。

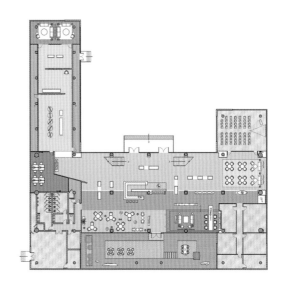

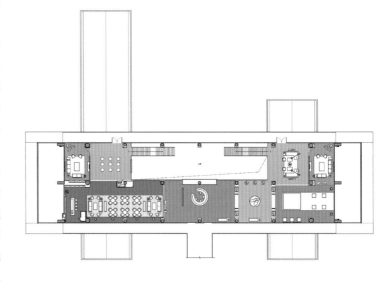

右1、右2：会馆入口的双层挑空区域以毛笔和泼墨画传递出灵动淡雅的书画意境
右3：艺术品摆设尽显人文素养和艺术感染力

左1：典雅精致的布局

左2、右2：木质和布艺家具体现出刚柔并济的哲学思维

右1：近景

CLOUD.TIMES PROPERTY SALES CENTER CLUB

时代云

设计单位：DOMANI东仓建设

设　　计：余霖

面　　积：1200 m²

主要材料：白栓拼纹板、黑麻石材肌理面、仿岩肌理漆

坐落地点：珠海市金湾区平沙镇升平大道600号

如果有机会仰望大地，你会知道这世界的美好在于：可能性。

一个公共空间的作用是什么？思考很久后的结论是：公共空间除了能够完整承载公众行为和梳理公众秩序（功能流线）外，更大的价值在于从感性上给予受众一些想象力与思考的可能性。因此，公共空间是一种明确的声音，它告诉你或者奇异、或者美好、或者性感、或者震撼、或者平静，缺少这种声音的公共空间是失败的。在此项目中，我们试图传递的声音是情绪化的：如果一个商业空间无法提醒人们可能性的重要。

这里是时代地产销售会所，在全球地价最昂贵的国家之一的中国，他们销售着在珠海这片投资热土上建造的房子。每天有无数的人在这里急切地、紧凑地购买他们未来的生活。作为地产产业链另外一端的设计方，我们希望他们真正懂得只有在自由中才能获得真正的美感。

所以，我们需要用朴素的木材和沙石，简单的工艺，阵列式的肌理和构成，传递出一个关于美的"可能性"，这也是在整个项目当中所贯穿的技术。一切，回归自然主义的隐喻。请带着情绪和想象去看待它和你的生活。

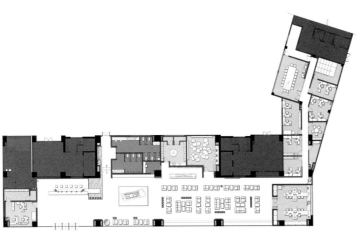

左1：天花板造型体现了设计主题

右1：洽谈休息区

左1、右1：简单的工艺将朴素的木材和沙石巧妙运用

左2：近景

左3：柔和灯光与空间完美结合

CENTRAL PAK CLUB

中央公园会所

设计单位：玄武设计
设　　计：黄书恒
参与设计：李宜静、邱楚洺
软装设计：山景空间创意
面　　积：5008 m²
主要材料：黑云石、银湖石、云彩灰、金凤凰、白色马来漆、胡桃木板、樱桃木皮
坐落地点：台湾新北市新庄
摄　　影：赵志程

维多利亚女王以宏观视野与坚毅雄心，为英国创造了中产阶级崛起的富裕社会，64年的执政生涯里，她以崭新的思维引领政策，以开放的态度经营家国，捕获人心也稳定局面。经历工业革命后的文化反刍，居住环境与对象的装饰之美，融合歌德风格的尖塔纹、巴洛克式的绞缠纹、洛可可的涡卷纹等风格，从繁复单一的古典主义中脱胎换骨，取而代之的是集优雅与闲适于一体，细腻与奢华于一身的从容自信的美学观。设计者洞悉英国的维多利亚时代，认为其代表的婉约线条与柔美色彩，能够更好表达美好的时光，完美诠释豪宅会所的盛世韵味，故将之作为本案设计的底蕴。

入口挑高15米的大厅，Waterford吊灯晶莹透亮，恰与柔美尖塔纹的地面拼花相呼应，同时，两旁高耸的大理石柱与雾金色羽毛状窗花，让入口空间显得高雅，流泻出古今交融的韵致。步入阅览室，隽永的胡桃木地面搭配巴洛克式绞缠纹的蓝红色地毯，西式图书馆的风华凝结其中，绚丽的旋转雕花楼梯与简洁壁面谱出强烈的反差，当自然光线自穹顶天窗倾泄时，大英图书馆的百年风华尽显其中。宴会前厅以纯白柱饰、流线天花、棋盘地面为底蕴，湖水绿带金的长沙发与蔚蓝色窗帘以跳色点缀，尽显低调沉稳的皇后气度；后方宴会厅中间放置诺大的圆形餐桌，搭配表演型的湖水蓝佐金餐椅，镜面与金属交陈的剔透空间，打造中西混搭的冲突美学。通往各空间的回字型纯白走廊，拱型的天花廊道，黑白棋盘的古典语汇地坪，绝代风华人物的侧面剪影，这一切仿佛是穿越古今的时光隧道。维多利亚时代，从过度繁复的工艺中得到解放，同时寻求一种更优雅、细腻、奢华的生活步调，加上统治者为女性，因此当时社会形成一种特有的典雅、浪漫、高贵的格调，和此案相得益彰。

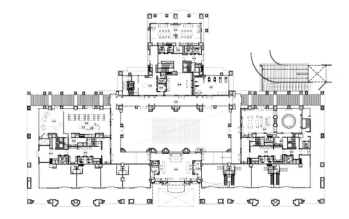

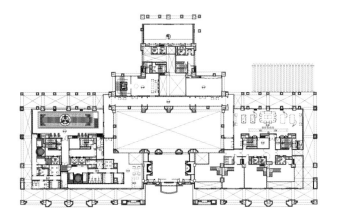

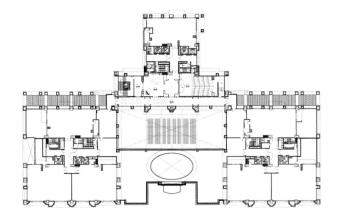

右1：高雅大气的入口处

左1：柔美尖塔纹的地面拼花

左2：尽显低调沉稳的皇后气度的宴会前厅

右1：拱型的天花廊道

右2、右3：室内一景

右4：个性化室内装饰

右5：后方宴会厅

CULTURAL CLUB
人文会所

设计单位：山隐建筑室内装修设计有限公司

设　　计：何武贤

参与设计：刘玉萍

面　　积：700 m²

主要材料：旧木料、木炭、木丝水泥板、梧桐木皮喷砂面、马来铁木、钻泥板、抿石子

坐落地点：台北市大安区

摄　　影：高政全

这是一个为生命终点服务的礼仪空间。本案企图整合传统式街道型的店家模式，透过系统化且多元性的空间组合，开创台湾第一家复合式殡葬礼仪会所空间。

走完人生的旅程以此为界，一般人都相信此时是到达另一个世界的转折点。对于前往一个未知的世界，民间习俗以折纸形式象征着对故人的思念与祈福，希望亲人（往生者）能迎向极净无忧而美好的世界，也就是佛家所说的净土。

"界转折"是一个具有生命哲学观的主题会所。本案在最初的构思阶段，恰好收到学生从日本寄来的名信片，随手拈来，折出了空间的界面，空间转折光影界分，人生转折因缘微妙。人生最终的转折犹如空间的转折，此没彼生，彼没此生，片纸转折思念祈福，生死界分人间净土。

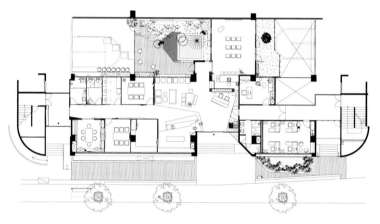

左1：水钵，清澈活水，泉涌不断

左2：啜饮界咖啡，转折思念情

左3：木作台面转折的细部

右1：吧台长桌实木年轮层层的肌理质感与爱迪生灯，呼应着长辈的年代

右2：协调区走廊如白鹤展翅般，引发家人心念，祈福亡生极乐净土

左1：侧院的植栽营造出石砾堆的生机，意指宇宙的能量生生不息

左2：界之门：浮沉恋一生，白光引圣境

左3：中庭为舒压透气的竹林庭园

右1：洁净无缝的水泥地板，摆置现代时尚的沙发，象征年轻人的时代

右2：礼堂：现代简约屋，回顾一生路

LI JIANG ST REGIS CLUB

丽江瑞吉会所

设计单位：高文安设计有限公司
设　　计：高文安
面　　积：3766 m²
坐落地点：丽江古城区玉泉路

大匠意运，正品不凡，历经六载雕琢、丽江瑞吉别墅，位于中国三遗名城，据首善之地，集景观人文稀世之罕。是设计者如泉的巧思，将别墅空间善加利用，掌顺中国传统文化脉络，以民族的朴素哲学，装点出高雅的居室，还原千年纳西风情。更随心搭配陈列和家私，或是不远万里觅寻一件饰品的偏执，坚持对品质的挑剔，终筑成这礼遇世界的人文典范。

总体规划上因循丽江古城的自然法则，便是高低错落的房屋和流水蜿蜒，让建筑统统朝北，向雪山致敬。建筑形态上三坊一照壁，灰瓦挑檐，民族的建筑智慧元素被重新演绎。绚丽花海则成片绽放于庭院，一步一景，四季丰盈。室内空间以现代生活方式遇见传统文化的传承，带来精巧的室内布置，满溢纳西气息。

设计师融汇中西文化，并将纳西文化渗入室内空间。对他来说，丽江瑞吉不只是一个项目那么简单，通过对前期规划、外部建筑、园林景观以及室内设计的整体高质量把控，他更想把丽江瑞吉做成一个城市名片，在一百年后，它也会是一座古城，并作为文化遗址保留下来。丽江瑞吉不只是一个度假精品，更像是一个具有收藏价值的珍品。

左1：庭院一景
左2、右1：传统民风古韵的摆设
右2、右3、右5：院内别具一格的花卉装饰
右4：近景

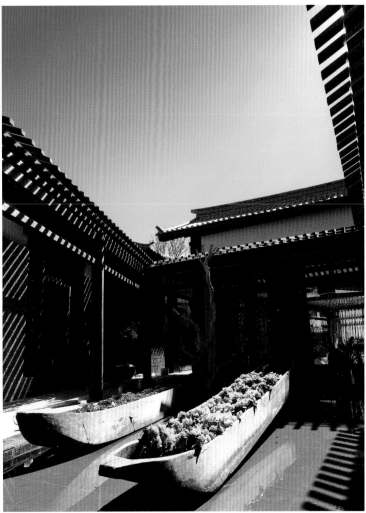

左1、左3、左4：木制材料尽显质朴浓郁气息
左2：融入现代化娱乐设施
右1：客厅
右2：卧室

SHICHEN FORTUNE CLUB

世辰财富会所

设计单位：福建东道建筑装饰设计有限公司

设　　计：李川道

参与设计：吴啊治、陈立惠、张海萍

面　　积：233 m²

主要材料：烧结砖、钢材、地砖、玻璃、毛石

坐落地点：福州

摄　　影：申强

品茶由古至今都是一件十分雅致之事，不仅对茶品本身十分讲究，对于品茶的环境也要求很高。自然朴实的空间环境，对于品茶来说再适合不过了。世辰财富会所以石料作为空间的主要用材，用黑、白、灰三种色彩营造了清雅的空间氛围。虽大量使用石料，空间却丝毫不显得枯燥无味，丰富变化的石材以光面、毛面等多种形式展现，并结合在一起形成凹凸的立体感，为空间创造了多层次的视觉观感。入口的景墙由绿植打造，结合水景，自然风情弥漫空间。地面铺设青灰的复古砖，家具、装饰都选用黑色，带来沉稳的气息。

整个会所空间围合性很强，利用屏风、景墙等作为隔断塑造小型的半封闭式空间，不论是落座于空间内，或是游走在走廊间都不容易互相干扰，并保留了空间的神秘感。长长的回廊，一面是粗糙的石板，一面是光滑的黑色木料，两种不同的色彩和不同的材质，融汇出有趣的对比，在射灯的光晕中投射出迷人的光影。在包厢与包厢间的间隙，辅以绿植、白色碎石等作为装饰，可谓是处处有景。包厢用透光的磨砂玻璃为墙，既保留了私密性，空间也能得到良好的采光。清新的环境，醇香的茶汤，约三五朋友聊尽世间百态。

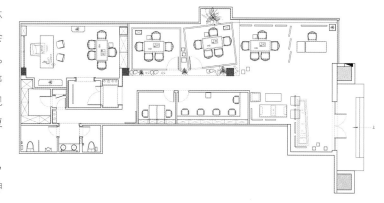

左1：入口处自然风情弥漫

右1、右4：近景

右2：回廊采用不同材质和不同色彩结合，形成有趣的对比

右3：丰富的线条感

左1：入口处结合水景
右1、右2：室内一景
右3：个性化室内装饰

SECRET GARDEN
茶艺会所

设计单位：KLID 达观建筑工程事务所
设　　计：凌子达、杨家瑀
面　　积：1800 m²
坐落地点：常州
摄　　影：KLID

中国人喝茶有几千年的历史了。直至今日，仍有许多人把喝茶当成生活中不可或缺的一部分。此项目是个高端的茶艺会所，提供社会精英人士一个休闲、聚会、交流、商务洽谈的空间。采取会员制的方式保有客户私密性，所以取名"Secret Garden"。

在设计上企图把东方园林融入到室内空间中，采用了亭子、小桥、水池、木质隧道、树等元素。首先采用水池散布在一楼和二楼的空间中，形成一个串联的水系，运用桥来穿越连接不同区域的水池，在水池中会长出树。VIP区以漂浮在水上的亭子为概念，设计了 4 个亭子造型的 VIP 沙发区，漂浮在水池上。走道空间中的动线复杂交错，是许多出入口的交汇地，空间感相当破碎，没有秩序。所以最后以木质隧道为概念，把不同的出入口整合起来，形成一个整体的隧道空间，把原本的遗憾缺陷反而转变为空间的一大亮点。

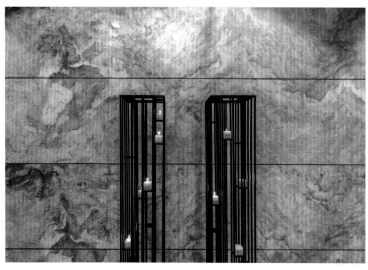

左1：创意无限的摆设
左2：木质隧道
右1：室内一景
右2：休息区

左1：休息区

左2、右2：木质隧道把不同的出入口整合起来，形成一个整体的隧道空间

右1：VIP沙发区

SHERATON CLUB
喜来登会所

设计单位： 深圳市黑龙室内设计有限公司
设　　计： 王黑龙
参与设计： 王铮
面　　积： 4800 m²
主要材料:白岗石、黑洞石、灰麻、雪花白、仿古地砖、橡木、硅藻泥、编织板
坐落地点： 广东省惠州市惠东县巽寮镇
摄　　影： 刘永报

这一具有院落式空间格局的度假会所是惠东喜来登酒店二期项目,靠山面海具有
丰富的地形资源和景观资源,建筑外向可充分享用山景、海景,内向则有庭院景
观。建筑为地面两层和地下一层,除了入口大堂和景观廊道,分别设有总统套房、
副总统套房、行政套房和随从房,还有会议、餐饮、健身、休闲、娱乐等配套设
施。所有空间均依山就势,吸纳山海景色和传达亚热带的现代意向。

所以我们确定这应该是一个隐性的,以景观为主题的室内设计,强调室内空间与
室外空间的有机互动,住客或游人的行为均参与设计的结果。由于地表是起伏的,
时而高抬时而下沉,所以室内空间有时突出地表,有时半潜入地下,风景亦会涌
入或渗入室内,地面层与地下层处于相对的变化中。我们采用的是一种消极的策
略,或称之为"高级的消极",最大限度地发挥地域和景观优势,强化滨海的亚
热带体验。

设计上主要采用下述三个方式来规划和营造内部空间：一是串联,通过步移景换
的水平交通和流线串联起各主要功能区块,通过室外踏步缓坡和室内阶梯串联起
不同楼层不同标高的空间。二是模糊间隔,以柔性的方式来界定或转换室内外空
间和不同功能的空间,利用廊柱构成的虚界、透明玻璃和镂空格栅构成的视界、
可开闭的隔断或门构成的异界。三是多层空间的体验,通过串联和间隔来制造不
同空间、多层空间和转换空间,实现在空间游走中的体验。

以不间断的游廊、步梯、曲径延伸扩展至平面和剖面的关系上,连接不同楼层、
不同标高,连接户内与户外、私密与公共,连接海景、山景、园景与内庭。让入
住的人们在由低而高、由内而外、由晦暗而明亮、由紧缩而扩展的步程中体验、
探索属于自己的空间。

这是由内建筑而建筑,由室内而室外的反向设计,无论对我们还是对业主都是一
种探索。弱化室内装饰的成分和简化空间的表皮,带来了更多对环境资源的关注,
空气、海风、阳光、慵懒的氛围,一切有关假期的期待。

我们一贯坚持的设计方法即逆向设计（设计过程在建筑方案阶段的提前介入）、
主题先行、物料的本土化选择和反稀缺性。在项目的前期阶段即可避免工期和预
算的双重浪费,将设计的焦点集中在创意和表达特性上,使设计更有可持续性,
室内外的风格和用材也能建立内在的联系,而凸显高端概念的核心。

右1：户外
右2：半户外廊道
右3、右4：休息厅

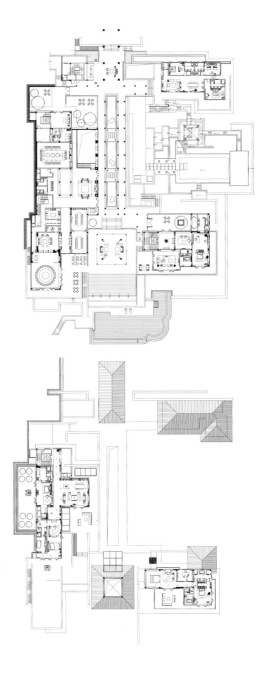

左1：总统套1F起居室
左2：大套起居室
右1：公区1F宴会厅及前厅
右2：大套2F卧室

JAKARANDA GARDEN
紫薇花园

设计单位：大观·自成国际空间设计

设　　计：连自成

参与设计：金李江、孙杰

面　　积：2560 m²

主要材料：米白洞石、冰河白玉、深浅卡布基若大理石、黑檀木饰面、深茶镀钛不锈钢

坐落地点：上海仙霞路

摄　　影：张嗣叶

完工时间：2015.01

历时三年的"宝华·紫薇花园"项目终于在2015年初浮出水面，精品住宅及其严格的使用功能是我们长久以来一直坚持的设计标准。在项目前期，我们就参与建筑规划并将其与室内相互配合，室内变更为主导性的地位，这样更有利于建筑内部空间的布局和设计，更有人性化的考虑。由于建筑、景观由外而内的相互配合，以客户需求为出发点，这样的设计更有前瞻性和远见。

"精品来自于优良设计，一个好的设计才能打造出精品。"从业二十多年以来，我们在室内设计中一贯坚持的就是"Good Design"的优良设计。"优良的设计"就是要做到精致且无可挑剔。在此项目上，设计团队尽可能的去考虑空间的"包容性"，在不同空间里，对家庭角色的全面照顾以及产生的功能需求，于是会所的功能空间考虑了居住者生活的方方面面，健身房、棋牌室、会议室、家宴厅等。希望每个细节的注入，成就一件独一无二的定制品。

每个作品就像是一首诗，设计对于多少的斟酌上绝不多一点或少一点。我从感观的角度去创作，从视觉、听觉、嗅觉上来激发步入者的情感体验，再从触感去感受空间中每个精妙的细节。身临其境的体会是设计的出发点，以"家"为前提来打造，目的就是让人们对"家"以及梦想的期待完全被诱发出来。它可以被长久拥有并超越时间。

这个项目我称其为Élite Maison（源于法语），释为精品之家。Élite 意味着一个品质的最高级别，也是消费者所追求的物质性的最高级别。它源于拉丁文的"精英"和"选择"。所以这是优胜劣汰的筛选过程。紫薇花园的理念是想叙述一种内敛的价值核心，30年代的老上海，象征品味、格调、优雅、浪漫、摩登、经典。老上海的精神体现就是由这种精致所传达出的精品概念，这和Élite 是一致的，将潜在核心精神变成设计的语汇，将其在空间中表现出来。

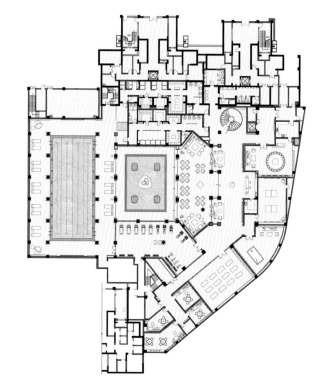

左1：泳池外景
右1：会所大堂
右2：楼梯

左1：走道
左2、左4：大堂局部
左3、左5：棋牌室
右1：家宴厅
右2：泳池

中华药博园会所

CHINA YAOBO GARDEN CLUB

设计单位：苏州金螳螂建筑装饰股份有限公司（第一设计院）

设　　计：王裸华

方　　案：蒋冰洁

参与设计：董飞权、周鹏强、朱士成、周逸冰、孙铭、邓丽君

面　　积：6120 m²

主要材料：石材、木饰面、墙纸、木地板

坐落地点：四川省乐山市

摄　　影：潘宇峰

完工时间：2014.12

两千多年来，中国的贵族文人士大夫所代表的精英阶层始终着念于筑楼造园的梦想。无论是传说中的"蓬莱"仙境，还是文人精神所指的"桃花源记"，本质是一种源自内心的人生态度，意在世事沉浮之间，寻求精神诉求的物化，寄文明、梦想、且行且歌的生活态度，于咫尺厅堂楼台山水间。

2014 年初，我们设计团队受业主委托，和业主前后舟车相继于苏州、成都、峨眉、上海等多地，进行了数次触及其生活、美学、人文、经营的内心交流互动，充分了解了业主的理想诉求，许多细节自混沌于明晰，开始着手立念策划。并对其建筑方案的平面功能及空间规划进行了不厌其烦的详尽专业化梳理。我们发挥了多年来全流程控制经验丰富的优势，主动牵头去上海、成都分别对接美国建筑方案设计公司、建筑施工图公司等相关建筑与室内的一系列衔接问题，并开始后续的整体室内设计。

设计团队植根于当地的历史自然环境，通过提取精炼的东方传统木构架形态空间以及当地白墙、灰石、青砖、原木纹理等天然材料，旨在将室内空间设计与当地周围的丘陵自然山水意境融为一体，成墨于素净淡雅的自然画卷。

众所周知，设计行业最难、也最有说服力的就是业已完成的项目；许多从纯设计角度看似想法不错的方案，由于设计师的一厢情愿、缺乏综合的可实现性经验，便永远无法落地或者落地后走样。

该项目从室内设计、施工、家具设计定制、软装等主要环节均由金螳螂有经验的配套团队合力完成。在开始到竣工前后连续 12 个月的时间内，室内设计团队牵头，细密高效地完成了从初期的现场勘查，建筑修改报告，帮助业主控制预算，协调地产销售诉求，控制建筑、机电、材料加工；反复推演方案施工图细节，策划于方案，成型在软装、材料定制、施工图、现场控制等一系列环节，从而完成了"从混凝土到鲜花"这一充满了艰辛而有挑战的过程，在当地展现了一个标杆性的综合会馆，并为业主圆了一个人文之梦。

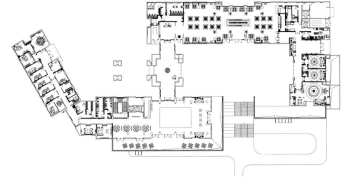

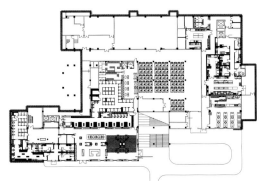

左1：外立面
右1：VIP走道
右2：餐厅区域

左1：大堂区域
右1：大堂沙盘区
右2：豪华包房

右3：出发大厅
右4：更衣区

38 FULE HEALTH AND BEAUTY CLUB

三八妇乐健康美容美体会所

设计单位：DCV第四维创意集团

设　　计：王咏、王明、禄楚涵、张耀天、肖荣

面　　积：1400 m²

主要材料：GRG、爵士白瓷砖、塑胶地板、防火板、钢化玻璃、亚克力、不锈钢

坐落地点：西安

摄　　影：张浩、段警凡

完工时间：2014.08

本案以"健康、时尚、休闲"为设计核心，努力打造一个释放情感、驱散都市生活压力的惬意之所。其最大的设计特点是摒弃了以往美容院空间的隐蔽性特点，而注重通透、休闲、放松的气氛营造。

公共区域大量运用塑胶地板及GRG饰面板，灰色与白色交相呼应表现时尚、健康的感受。设计师在满足多重空间需求的同时，通过对空间节奏、序列、层次的处理，塑造出意境美好、轻松愉悦的空间环境。设有美容区和休闲区，以满足不同的功能需求。

美容区大厅墙面的GRG造型曲线除了显示出女人柔性一面，同时也是产品的展示区。走廊墙面的阳角均为曲线，带出水的意境。

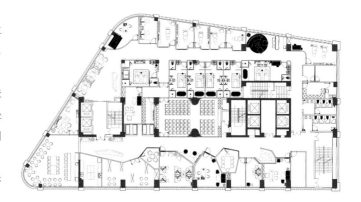

左1、右5：墙面的GRG造型曲线显示出女人柔性一面

右1、右2：休息区

右3、右4：美容区

FREE SPACE

自在空间工作室

设计单位：陕西自在空间设计咨询有限公司

设　　计：逯杰

参与设计：程茹、郝改、阎珍

面　　积：2000 m²

主要材料：旧松木、美岩板、加拿大红雪松、青砖

坐落地点：西安

摄　　影：文宗博

完工时间：2015.06

一对设计师夫妇用五年的时间将一处废弃的苏式厂房仓库改造成自己的工作室，这期间他们既是甲方，又是设计师，既是项目管理，也是装修工人和园艺师。"自己当甲方是设计师成熟的开始"，只有这样才能激发设计师真正的潜能，让他深度地思考什么样的设计理念、什么样的材料、什么样的工艺，并不断地去尝试、去体验，到底设计与生活是什么样的关系，到底什么样的设计才是我们真正需要的。

工作室位于西安半坡国际艺术区（原西北第一印染厂），面积约2000平方米，原有青砖结构的苏式老仓库两间，前院原是废墟一片，后院是纺织厂废弃的老铁路。设计规划后，保留了前院作为景观庭院，一面白墙和邻街悄然分隔。入口一侧小门有通幽之感，4个独立小建筑体成围合状，分别为原创家具展厅、民间器物展厅（会客厅）、禅房（创作室）、茶室，更有为朋友们准备的下午茶空间和花园餐厅。这是集创作生活、产品展示、客户体验为一体的综合空间，更是这对设计师夫妇生活工作的理想空间。

用真实、自然、简约的理念去做设计，让阳光、空气、绿植、流水成为空间的灵魂，用质朴、生态的材料或旧物去做装修，让人真正生活在有能量流动的空间，那也许就是对设计工作室"自在空间"的最好诠释。

右1、右2：景观庭院

左1、右2：精美的园艺装饰

左2、左3、右1：木与石的结合，自然空灵

右3、右4：简约质朴的设计和布局

GUIGU SPA EXPERIENCE
PAVILION

贵谷SPA体验馆

设计单位：福州林开新室内设计有限公司

设　　计：林开新

参与设计：陈强

面　　积：330 m²

主要材料：白麻、灰木纹、桧木

坐落地点：福州

本案没有把建筑当做一个孤立的"物"来看待，不刻意追求象征意义和视觉需要，而是注重内部空间与外部环境的协调。不仅在材质上保持本真状态，在色调上也力求回归自然，形成一种整体的构图美感。以自然、人文、度假为基调，同时依托当代的设计手法，用清雅低调的美感、沉静平和的气度，来表达东方文化的精神格局。

左1：入口
右1：选用保持本真状态的材质

左1、左2:隔栅制造的光影效果

左3：灯光烘托气氛

右1、右2：清雅低调的SPA区

TEAHOUSE
茶舍

设计单位：林开新室内设计有限公司
设　　计：林开新
参与设计：陈晓丹
面　　积：224 m²
主要材料：桧木、障子纸、松木、贴木皮铝合金、石材
完工时间：2015.01
摄　　影：吴永长

在江滨茶会所中，会所和江水，一者轻吟，一者重奏；一者灵动，一者厚重；一者当代，一者古老。当两者被有机结合在一起时，它们已经不是相互独立的个体，而是一个丰富的整体。当客户说道："我想在闽江边上、公园之中，建一个私人会所，闲时与朋友喝茶聊天，累时可放松心情。"一向秉持"观乎人文，化于自然"理念的设计师脑海中浮现出江上鸣笛的诗意场景，"笛子是一个象征，它实际上是一种空间的节奏。我希望这个茶会所的格调像笛声般优雅婉转又悠远绵长。"整体设计在追求达至东方文化的圆满中展开——将中庸之道中的对称格局、建筑灰空间的概念巧妙结合，完美呈现出一个自由开放、自然人文的精神空间。以一种柔软而细腻的轻声细语，与浩瀚的江水、优美的园林景观互诉衷肠，相互辉映，和谐共生，而非封闭孤立的沉默无声或张扬对抗的声嘶力竭。

茶会所临江而设，客人需沿着公园小径绕过建筑外围来到主入口。整体布局于对称中表达丰富内涵，入口一边为餐厅包厢和茶室，一边为相互独立的两个饮茶区域。为了保护各个区域的隐私性，设置了一系列灰空间来完成场景的转换和过渡，令室内处处皆景。首先是饮茶区中间过道的地面采用亮面瓷砖，经由阳光的折射如同一泓池水，格栅和饰物的倒影若隐若现。窄窄的过道显得深邃幽长，衍生出一种宁静超然的意境。其次是餐厅包厢和茶室中间过道，大石头装置立于碎石子铺就的地面之上，引发观者对自然生息的思考。在靠近公园走道的两个饮茶区，设计师分别设置了室外灰空间和室内灰空间。室外灰空间为喝茶区域，除了遮阳避雨所需的屋檐之外，场所直接面向公园开放，在景色优美的四至十月，这里是与大自然亲密接触的理想之地。在另一边饮茶区，设计师以退为进，采用留白的手法预留了一小部分空间，营造出界定室内外的小型景观。端景的设计不仅丰富了室内的景致，而且增添了空间的层次感和温润灵动的尺度感。

在设计语言的运用上，设计师延伸了建筑的格栅外观，运用细长的木格栅而非实体的隔墙界定出各个功能"盒子"。即便在洗手间依然可以通过格栅欣赏公园景观，时刻感受自然的气息。格栅或横或竖，或平或直，于似隔非隔间幻化无穷，扩大空间的张力。格栅之外，障子纸和石头亦是空间的亮点。在灯光的烘托下，白色障子纸的纹理图案婉约生动，别有一番自然雅致之美。石头墙的设计灵感来源于用石头垒砌而成的江边堤坝，看似大胆冒险却完美地平衡了空间的柔和气质，令空间更立体更具生命力。在这个模糊了自然和人文界限，回归客户本质需求的空间中，每一个人都可以在此放飞思绪尽情想象，也可以去除杂念凝思静想。

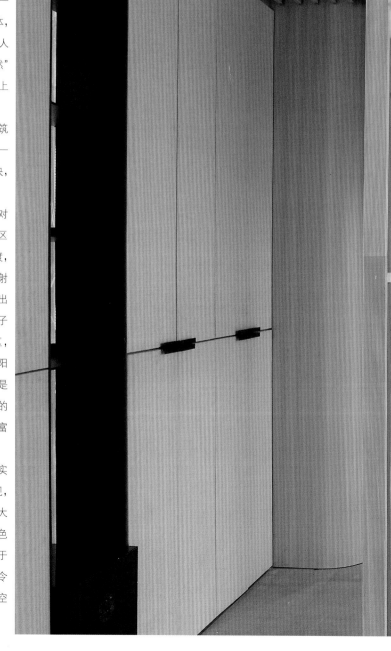

右1：过道地面的亮面瓷砖在阳光折射下宛如一泓池水
右2：石头墙平衡了空间的柔和气质

左1、左2、左3、右1: 细长的木隔栅界定出各个功能"盒子"

JIAO JIANG

椒江岭上会SPA会所

LINGSHANGHUI SPA CLUB

设计单位：宁波市高得装饰设计有限公司

设　　计：范江

参与设计：丁伟哲

摄　　影：潘宇峰

此足浴 SPA 会所，名曰岭上会，是设计师与业主的第二次握手，会所的名字亦由设计师所取，第一次是在温岭，相同的经营项目，由于设计融合了当地的特色文化，岭上会已被温岭旅游局指定为室内旅游景点。此次合作双方都有超越第一个作品的期待感，对设计师而言更具挑战意义。

室内设计师总是鲜有碰到十分适意的建筑条件，所以先要应势设计内部建筑，才能顺畅地表达设计意图，而设计师的水准也是从平面布局图开始得以崭露。这是一个二层空间，每层挑高 5.6m，外加一个如垃极场般的大露台，利用层高建了个夹层，空间被最大化及合理利用，为了不使空间过于沉闷，局部做了挑空，有至上而下的整面绿植墙，有用陶瓷杯子贴在石墙上的造景，上下贯通彰显气势，拉开了空间高度。在做平面布局设计时，远眺、近视、俯视等各种视觉意图在脑海已开始演练，全局把控在心中。延续 SPA 会所放松心灵的主题，强调雅致的水墨意境，在大气从容间将美渗透。藤编球状组灯在木格子造型间闪耀，传递出玲珑细腻的情调，细看方格是两层，用重叠的方式变成前后关系，显出层次感。抬头见"岭上会"三个字，似草非草，笔法独特，飞扬处气质沉静，有山岭的峻峭感，这是设计师的手笔。

外立面精致而不乏温馨，吸引人们往里走。仿佛是深深庭院，展现在眼前的是用实木摆起来的透空屏风，四周是水波纹样木格，隐约透过墙壁上手绘的水墨写意荷花。第二个庭院内用石头做的细方条格栅折成一条曲折的通道，质感而又轻巧，进入第三个庭院，一侧是流水墙，另一侧用石条叠加方式搭成半人高的塔状造型，内装灯光，置于铺满鹅卵石的水池中。一层是客人等候的区域，左边被隔成一间间如书房的雅坐。步入二层，右边是普通包厢，背景用实木木块像积木一样搭出透光屏。二层的垃圾场变成了非常漂亮的屋顶花园，夜晚，清风明月与你同坐，怎一个"好"字了得！将这最好的风景供于贵宾包厢，果是名副其实的贵宾待遇。二层夹层一边为 SPA 区域，入口墙面由石板镂刻出方形小孔，内打灯光。包厢墙面是浅色竖纹的橡木饰面，显得质朴温和，不同包厢的壁龛装饰不尽相同，用金属做成各种饰品，有片片清灵秀气的竹叶，有或密或疏的浮萍，有缠绵柔美的藤蔓花叶。

设计师将空间梳理成一个个自然院落，在回廊曲径中让宾客宛若游园，感受融入青葱自然的恬静与愉悦，将唐宋的美学元素与现代简约造型相融，在回归中有拓展。值得一提的是设计师为这个空间专门创作了五十多幅画，如走廊中的三幅长

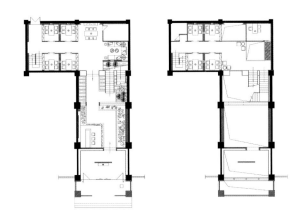

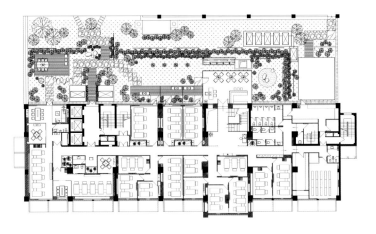

右1：深深庭院
右2：水波纹样的木格

卷，是荷花从花苞、全盛至萧瑟的一个生命轮回；贵宾室中那在山雾中的高山，巍然深远，大包厢中有摇曳在春风中的樱树，花朵纯洁得如梦般轻盈。画作大都是黑白水墨，意境幽远，提升了空间的品味与内涵，从而构成一个完整的作品。何处有景致？处处有景致！

左1、左4：楼梯
左2、左3：雅座
右1：巨幅水墨画巍然深远
右2：雅致的小景
右3：藤编球状灯在木格子间闪耀

左1：用陶瓷杯子贴在石墙上的造景
左2：唐宋美学元素与现代简约造型相融
右1、右2、右3：不同的功能区域

TEA LIFE

茶素生活

设计单位：周伟建筑设计工作室
设　　计：周伟
参与设计：盛汉杰、梅杰
主要材料：水曲柳套色、金砖、青砖贴片、窄条地板、毛面花岗岩
坐落地点：杭州临平
完工时间：2014.08
摄　　影：陈澍

中式风格的当代性呈现是设计者近年来一直研究的课题。提起中式风格很多人会联想到花窗格格雕花梁这些中式符号，以致很多人对中式风格的印象是过时的、腐朽的，所以才会有中国大地上漫天遍野的美式、新古典、简欧。这其中除了中国人对自己文化的自卑以外，另一个最重要的原因是中国文化没有找到其所属的当代性。茶素生活则是这一课题的一个尝试。设计开始的定位是：茶素生活最终呈现给客人的将是一个具有东方气质的现代空间。东方气质是指没有传统的元素，但人在里面却能感受到东方神韵。

在空间的组织上借助了中国传统园林的手法来借景、对景、曲径通幽。一楼定位偏年轻，采用开放式大开间，引导一种新的消费观念，材质的选择上偏质朴轻松。二楼相当儒雅，采用全包间的形式，材质选择相对稳重，儒雅精致。东方风格的当代性呈现还有其他的手法，如入口处瓦片的应用，传统的瓦片用当代的方式呈现出来，给人一种既熟悉又陌生的空间感受。

左1：入口处
右1：入口通道
右2：一楼走道

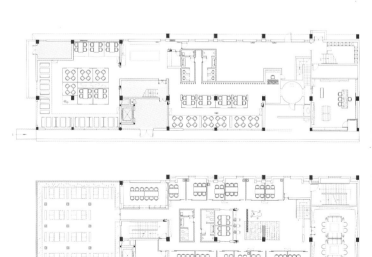

左1、左2：二楼公共区

右1：自助台

右2：书吧休闲区

左1：自助区走道
左2：包厢
左3：自助区的造景
右1: 二楼露台区

MORDOR CLUB

魔朵酒吧

设计单位：内建筑设计事务所

面　　积：800 m²

主要材料：钢板、皮革、马赛克、亚克力

坐落地点：杭州武林路皇后公园

完工时间：2014.09

摄　　影：陈乙

设计在渐渐苏醒了，但室外依然寒冷，外面继续下着大雪。光脚到达顶层对角之平台，如倾斜之面向着西湖，隐约可见保俶残雪，枯枝孤鸟中火盆几只。

室内温暖如可见风景的隔离古堡，阁楼现已废弃用来堆放工具杂物，可找到些有用的防身器物。斗剑室炉火正旺，而吧台之后传来悠扬的高地风笛或吉普赛手风琴。窗外可见落入江南的武林，植物由上及下地爬越，高处定是山有四季不同天，忽感光脚的微凉，找些皮毛裹上。

左1:倾斜直面向着西湖
左2、右1、右2：酒吧内部空间
右3：温暖的室内

MINGYUE TIANXIA TEA HOUSE

茗悦天下茶楼

设计单位：道和设计

设　　计：王景前、高雄、刘坤

面　　积：530 m²

主要材料：原木、硅藻泥、木纹仿古砖、不锈钢、文化石

坐落地点：南昌

完工时间：2014.11

摄　　影：邓金泉

该茶楼坐落在南昌红谷滩新区，红谷滩作为南昌的新城聚集着更多的外来人口，也充实着各种娱乐休闲业态。本案定位为茶文化的体验空间设计，主要经营瓷器、茶叶、香道培训、花艺并提供花器、书法等文人雅集活动。从功能分区上来说，一楼为产品展示区与销售区、二楼为品茗雅间及沙龙培训区，室内的艺术、禅意交相辉映。

空间在材质选择上多选用榄人木原木作为饰面与实木线条贯穿，地面中国黑大理石与木纹仿古砖的结合使空间简洁素雅，在大面积留白的墙面上选用素水泥衬托更显自然质朴。卫生间菠萝格原木硬朗的线条对比更添加了几分简练，门头外立面选用蝴蝶绿大理石干挂，镶嵌高防光贴膜玻璃材质，使门面简洁有次序并尊显品质。

茗悦天下的设计提炼了中国传统文化的精髓，似国画之山水、似书法之飘逸，体现出东方式的精神内涵，结合现代的简练线条而富于变化。对于现代想逃离喧嚣的茶客来说，茗悦天下静能使人心明神清，慧增开悟。光影通过木质的格栅涌动在空间内让人产生无限遐想，虚虚实实，仿佛游走在画间。一方净土带给茶客心灵宁静的感念，享受生活的片刻安宁与自在。

左1：设计提炼了中国传统文化的精髓
右1：简洁素雅的空间

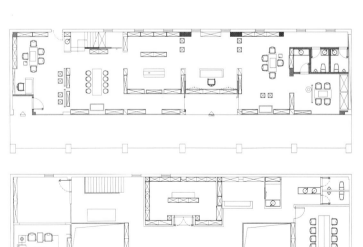

左1、右1、右2：光影通过木质的隔栅在空间内涌动
左2、左3：留白的墙面上选用素水泥

ORANGE ISLAND RESORT
橘子洲度假村

设计单位：鸿扬集团/陈志斌设计事务所
设　　计：陈志斌
面　　积：12000 m²
主要材料：桃心木染色、爵士白石材、镜面不锈钢、琉璃马赛克、艺术墙纸、夹绢丝玻璃
坐落地点：长沙
摄　　影：吴辉

本案位于长沙橘子洲尾（北段），占地约 200 亩，现有五栋独立建筑并以景观相连。基地内绿地和景观极其自然优美，并拥有沙滩排球场及超过 600 米的沿江人造沙滩浴场，可以良好地形成室内外互动。

水会是度假村的主体运营项目之一，总体使用面积约 10000 平方米。其中室内亲水运动、健身、休息区域的面积约为 4000 平方米；室外露天运动、调整、商务区域的面积约为 1500 平方米；烧烤吧总面积为 600 平方米。

按照岛居生活和优质个性化运营的理念，岛内运营区域的客户路线与大流量的剧院流线进行区分，VIP 会所的动线独立分离以享受尊贵服务，体现身份象征。最大限度地发挥区域内建筑与沿江沙滩泳场的互动与交流，最终实现充分引导客户享受区域内的所有空间。

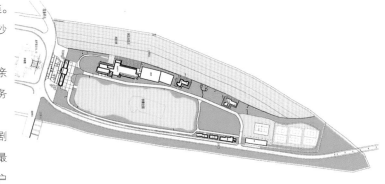

左1：建筑外观
右1：大堂
右2：烧烤吧外景

左1：不同图案拼成的精致隔栅
左2：浴室
左3：影院
右1：等候厅有慵懒的沙发
右2：沐浴区
右3：休息区

SO.SO CAFE BAR

SO.SO咖啡吧

设计单位：重庆亦景太阁室内设计有限公司

设　　计：杜宏毅、郭翼

参与设计：胡贵江、袁丹

面　　积：700 m²

主要材料：水泥地面、金属、硅藻泥

坐落地点：重庆新牌坊

完工时间：2014.12

本项目是集合了咖啡、简餐、台球和棋牌于一体的复合型咖啡吧，如果你愿意这里是可以一个人呆上一天的地方，或者约上三五好友聚会放松的场所，因为咖啡吧提供了多种的休闲方式。

项目原结构处于平街夹层，一进门便下梯子让人觉得非常别扭。所以设计上先是在整个入门内区域搭建一整条平台来达到里外合一的感觉，同时又加强了人流动线的引导，使内部空间显得高低错落具有层次。整个结构通过回廊式的空间布局恰到好处地把各个区域划分开来，同时又相互贯通融为一体。

由于业主的投资非常有限，在造型上几乎不可能做太多的文章，但又要烘托出咖啡吧的氛围，所以在灯光和软装上就必须花费更多的精力。墙面大量使用了艺术家的作品（艺术家授权的复制品），各种有趣的形象大大增加了空间的趣味性。材料的质感表达上尽可能做旧，旧的痕迹让人第一眼看见就觉得这是一个有一定年份的空间。

左1：回廊式的空间布局

右1、右2、右3、右4：空间细部

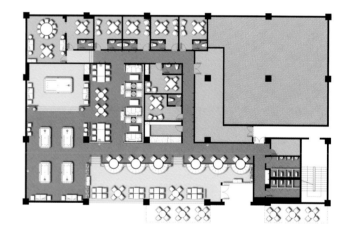

左1、左2:材料的质感表达上尽可能做旧

右1、右2: 墙面有趣的形象大大增加了趣味性

TEA WARE AND TEA
茶具与茶

设计单位：谢天设计事物所
设　　计：谢天
面　　积：1000 m²
主要材料：瓷砖、编织橡胶地毯、乳胶漆
坐落地点：杭州市白云路
完工时间：2014.11

我到现在都一直认为真正的设计师都具有一种分裂的人格，创新与保守、彰显与隐匿、桀骜与顺从、坚守与背叛，在各种社会关系中演绎着，也许是丰富多彩，也许是冷暖自知。

有位文学评论家曾经用饮品比喻过文学作品，有糖水、可乐、卡布基诺、还有茶。这不仅仅只是味道，也与营养和品位无关，而是情绪。是的，我的情绪，我的感觉，坐在那里时充斥着我的那种所期望的感觉。作为设计师，我服务过的对象有各种喜好。回想起来，所做的空间有的像八宝茶，有的像普洱茶，有的像菊花茶。茶具也各式各样，有粗瓷、青花，还有漆器，那都是给别人用的。

这次，是给自己的，坐落在马儿山边的设计公司。从选址开始，就已有了期许，依山而居，阅音修篁，山涤余霭，宇暖微宵。这是一种"淡"和"素"，就像最喜欢的龙井茶。空间的用材与色调也是如此，甚至还围进一款山石，宛是天成。水是不可缺少的，山光水影自在一心。有几处的借景和漏景，就当是设计师做的小游戏，引山水而入室赏玩，自娱自乐而已。"素处以默，妙机其微。"是《二十四诗品》中对"冲淡"的描述，这与我对龙井茶的感受相同。 如果说这空间的感受像龙井茶的话，我希望茶具是透明的玻璃杯。

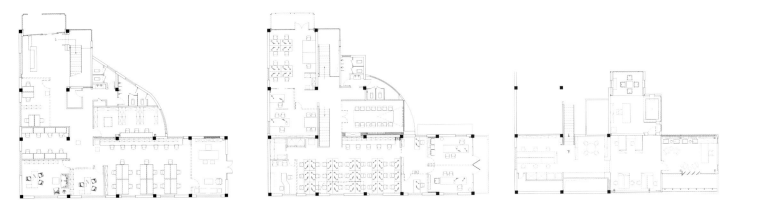

左1：素淡的背景
左2：简洁的楼梯

左1、左3、左4：几处的借景和漏景

左2：笔直的楼梯

右1：敞亮的空间内洒满阳光

QINGTIAN INKSTONE
青田砚

设计单位：阔合国际有限公司

设　　计：林琮然

参与设计：李本涛、姚生、涂静芸

面　　积：室内290 m² / 景观145 m²

主要材料：青石板、木材、黑铁、黑洞石、水泥

坐落地点：上海喜泰路

完工时间：2014.09

摄　　影：黎威宏

以砚为题，青山美田喻青田为意，择青田砚为其名。秉承师法自然，提升品性，在繁华间创造出大隐于市的心灵场所，三五好友品茶论道、把酒言欢、闻香歌韵，青田砚成为同道间人生的港湾、艺术的故乡与沉思的角落，结合美食、创意、艺术的三种元素打造出一种微妙的关系。既是茶馆又是餐厅，既是酒吧又是书院，如此可文可武，平凡又非凡、非家又为家的概念。

青田砚主人平先生是一个对文化有追求的成功企业家，在上海徐汇滨江区原上海开元毛纺原料的加工仓库内，用嫁接的方式生根文人空间，案子从选址到命名、从定性到定量，与设计师互相琢磨。空间的概念借砚台为题，想象在空间内植入一墨池，池边依照富春山居图内山的走势，起承转合间书写抽象而纯粹的千古神韵，在建筑中完成一种内部的自然体验。试图以放大文房四宝的手法，让砚承载更多的思考力量，最终老房子有了新灵魂。将青田砚转化成象征人生的山水美景，推开门，你所能看到的山水，不仅仅是林壑幽深、水象万千，文人的空间源于生活本身，当代的风雅并非一昧守旧与复古，海派文化为基底的当代生活多元而丰富。

依青田砚内部的功能性来划分空间，东西方品味并存，人们入内前须先经过无园门的碎石海，伴随着青石墙上落下的水声心灵更加澄明，坐在原木长凳上小歇。轻轻推开由竹子订制的门把，入户首见迎客的闽南喝茶大桌，顺带茶点看本好书，随手下盘好棋。情长酒更长，品类丰盛的茶点，于雪白如意造型的吧台上小酌，也优雅也豪迈，微醺间望向艺术感强烈的墨黑色山水石砚，欢心聚首间感悟出生活的舒畅，更体会随意的乐趣，享尽人生好滋味。难能可贵的是，偌大砚台还可足浴，而藏在角落的理疗空间更把梁板屋面去除，代替屋顶的雨水池造成镜花水月的感受，是大俗也大雅。

营造初始，设计师借山水意境出发，赋予空间新的生命含意，让文化淬炼的精华，在考究的传统建筑脉络下延展。坚持创意的思索，产生流体造形吧台与砚石休闲区，挑战着工法，也符合机能性，每一分的取舍都坚持以人为本，最终技术上结合数字施作的精工细作，流动曲线在垂直木构老屋中找到了平衡。

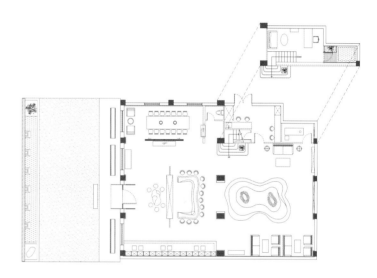

左1：碎石海

右1：喝茶大桌

右2：墨池

左1：将青田砚转化成象征人生的山水美景
左2：看本好书下盘好棋
右1、右2：风雅空间

YUYAOJIONG INTERNET
CULTURE CENTER

余姚囧网络文化中心

设计单位：宁波栋子室内空间设计事务所
设　　计：徐栋
面　　积：300 m²
主要用材：玻璃、墙纸、墙布、地板
坐落地点：浙江余姚
完工时间：2014.12
摄　　影：刘鹰

囧网络文化中心通过对80、90后网络消费群体的观察和调研，以网络的动态特性为设计基点，以流畅夸张的线条及活跃的色彩为设计元素，打造契合该消费群体的网络文化空间。

设计以时尚的色彩、线条和图案，营造了一个充满动感和现代感的超时空网络游戏空间，以大面积的留白凸显网络视屏图案的玄幻科技。以超现实的潮酷环境让消费者迅速进入状态，增强其认同感，同时让其对会所印象深刻。在空间布局上突破了以往类似项目在布局上的直线呆板，注重于互联网＋时代网络消费特性的把握和满足，以时尚舒适的环境营造新时代的社交聚会平台，以合理专业的布局打造电竞交流的专业平台。

在选材上，快时尚的商业特性要求设计师更多地选用低成本的用料来实现项目成本控制和商业回报效率。为此采用最基础的乳胶漆、地板和玻璃，通过造型艺术和色彩搭配，通过空间的艺术营造和材料特性的发挥，来实现项目所需的科技时代的视觉和空间效果。

项目亮相后，迅速成为余姚乃至周边地区时尚青年和电竞网游爱好者的聚会圣地。

左1、右1：流线型的曲线造型
右2、右3：超现实的潮酷环境

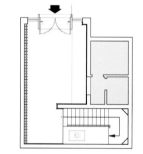

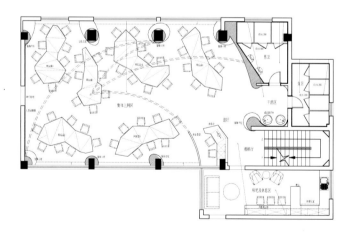

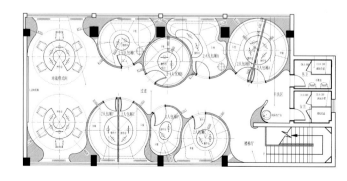

左1、右1：鲜艳的色彩点亮空间
右2、右3：色彩搭配营造视觉效果

ROYAL FOOT MASSAGE CLUB

皇朝足浴会所

设计单位：常熟市虞山镇张继红装饰设计工作室
设　　计：张继红
面　　积：1200 m²
主要材料：木纹砖、青砖、麻布硬包
坐落地点：南通海安
摄　　影：金啸文空间摄影

本案中的新中式设计风格摒弃了现代简约风格的呆板与单调，在空间设计、材料、色彩、家具和陈设上，对传统文化符号进行再创造，使之融入空间，古色古香又简约时尚，没有喧嚣与繁冗，一派宁静悠远。

皇朝足道的空间设计融入现代设计语言，为现代空间注入凝练唯美的中国古典情韵，定制了很多陶罐、铁艺构件，使这个普通空间彰显出不平凡的一面。墙面人物线描由设计师亲自手绘，楼梯墙面上的荷花与鱼的动态与墙面文字的静态相结合，营造一种静谧的休闲氛围，与足道这一主题融合得恰到好处，极具艺术效果。整体用中式元素来营造丰富多变的空间，达到步移景异，小中见大的设计效果。

一个好的设计，是物质与精神的融合，是共性与个性的共存。本案设计用简洁、秩序的外显特征塑造了宁静致远的空间灵魂，回应了现代生活的功能需要，丰富、深邃的内涵感悟满足了现代人的精神需求。正如墨西哥设计师路易斯·巴拉干所说的："没有实现宁静的建筑师，在他精神层次的创造中是失败的。现在的建筑物不仅缺乏静谧、静默、亲切和惊奇这类概念，连美丽、灵感、魔力、魅力、神奇这类词汇也消失了，而所有这些才是我心灵的渴求。"

左1：宁静悠远的空间意境
右1、右2：墙面的人物素描由设计师亲自手绘

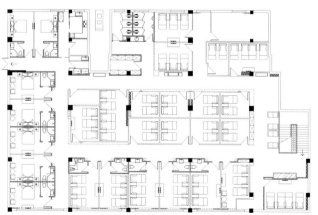

左1：定制了很多陶罐
左2：走廊地面的木纹砖
右1、右2：足疗室

左1：定制了很多陶罐
左2：走廊地面的木纹砖
右1、右2：足疗室

剪发舞台 HAIRCUT STAGE

设计单位：米凹工作室
设　　计：周维
参与设计：许曦文、杜米力
面　　积：210 m²
主要材料：亚麻地毡、松木板、白色烤漆钢板
坐落地点：杭州万象城
摄　　影：苏圣亮

项目位于杭州万象城，店铺单元本身为不规则形平面，我们不希望店铺的边界成为空间上的制约因素，而是要创造一个流动、均质、可无限延展的单纯空间。

设计中使用的材料本身并不花哨，仅用来表达抽象的形体及其内外关系。连续变化的吊顶、安装其中的射灯及整片的光膜暗示大空间内含有的多个功能分区。剪发区被放置在店铺最显著的位置，顶部覆以大面积光膜，照度与显色性俱佳的灯具既满足了发型师的工作需求，更使整个剪发区呈现出舞台一般的效果，发型师即舞台上的主角。45度角放置的剪发镜，使发型师的每一次表演即使在店铺外也可被感知。镜柜的设计以整体空间感受为出发点，镜面与镜框的组合只反映出空间本身所存在的反射与穿透的关系，镜柜在空间中的存在感被弱化，人及其行为成为唯一的焦点。

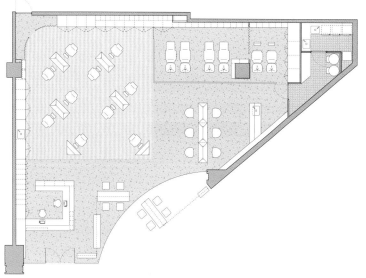

左1：外景
左2：入口
右1、右2：以45度角放置剪发镜，使每一位顾客与发型师的互动可被识别而干扰被减小

左1：镜柜的设计以整体空间感受为出发点
右1：烫染区
右2：洗发区矮墙与顶对应
右3：洗发区，安静氛围

XIYUAN TEAHOUSE

汐源茶楼

设　　计：王践
参与设计：毛志泽、蓝兰婉
面　　积：480 m²
坐落地点：宁波市海曙区月湖盛园
摄　　影：刘鹰

人类自古亲水亲木，茶文化即水文化，用不着设计师过分渲染，将着力点放在木质材料的运用上。建筑结构及朝向决定了空间的格局，只不过设计师认为点状围合的包厢无法形成人气的聚集，所以争取到了一块足够大的空间作大厅。在表现技法上摒弃传统茶楼设计惯用的古法，拒绝符号化设计和元素堆砌，现代工艺加工还原的仿古再生木材、素色水泥、钢板钢筋以及当地产的粗麻绳串起整个空间的气质，人在草木中，强调本色与质朴的时尚。共享空间强调仪式感，体现名堂的功用。包厢部分则注重私密与舒适，在规制和自在中寻求一种平衡。

如果说空间就是一个容器的话，设计师希望动与静，传统与时尚在此穿越，颠覆与迭代在此交融。以器贯气，以空注灵，在有限的空间内让茶气和人气灵动起来。

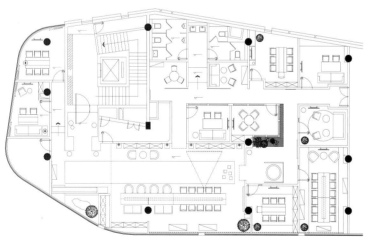

左1：表演者
右1、右2、右3、右4：细部装饰

左1：粗麻绳悬吊在空中

左2：钢筋窜起的空间

右1：质朴的本色家具

左1：占色古香的家具饰品

右1、右2：小景

右3、右4：墙上是古典趣味的装饰画

长沙东怡外国销售中心

设计单位：广州华地组环境艺术设计有限公司
设　　计：曾秋荣
参与设计：曾冬荣、张伯栋
面　　积：2470 m²
坐落地点：湖南长沙
完工时间：2014年
摄　　影：黎泽健

本案为室内改造项目。设计上运用了中国传统建筑中的庭院概念，打通四、五层楼板，植入露天庭院，引入水、石、植物、阳光等自然元素。在原封闭的空间中营造出一个自然且流动透明的诗意平台，希冀在商业空间中彰显自然的力量，确立人与自然和谐共处的理念，充分满足人文艺术交流的现实需求，真正实现建筑与环境的共融共生。

设计上采用以小见大的表现手法来实现室内外空间与自然条件一体化的整合设计。造景尊崇自然之美，方寸间见山林，寓无限意境于有限的景物之中。端景为陨石由中心爆炸扩散而成，将宇宙生态融入都市生活之中，令人能够在咫尺之间体验大自然的恢弘博大和时空变幻之美。在立面材料的使用上，追求现代简洁，对"多"与"繁"进行理性制约，使人在现代商业社会的繁重束缚之下获得一种回归本真的轻盈和闲适。

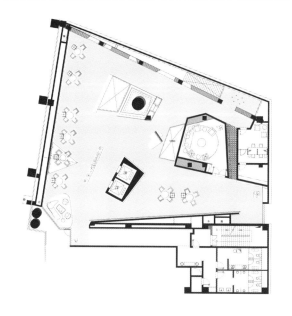

右1：诗意的商业空间
右2：四层楼梯端景
右3：室内一景

左1：五层中空位
左2：五层中空处走道
右1：五层中空洽谈区
右2：五层楼梯端景

华润幸福里销售体验会所

设计单位：深圳市朗联设计顾问有限公司

设　　计：秦岳明

参与设计：王建彬、肖润、何静

面　　积：1330 m²

主要材料：古铜色不锈钢、桃花芯木、银白龙石材、皮革

坐落地点：南宁

摄　　影：井旭峰

现代城市中心，繁华喧嚣之地，附和，但不尽然。以空间之名，塑造心灵休息之所，以自然之意，构建城市绿洲。以"林"为主题，"简于形，而精于心，于形，而非于色"，结合现代艺术的表现形式，营造城市绿洲的氛围，引申出寒山石径斜，白云深处有人家的想象，让人沉浸其中。

时而如高耸矗立的大树，时而如蜿蜒交织的藤条，时而又如同罩上了层层叠叠的大网，光影交织，斑驳点点。配合黑色材质，营造强烈视觉冲击效果及神秘感，沉稳中带着新颖，高贵中透露着时尚，传达一种自然而然的心灵贵气，打造时尚与自然完美结合的高品质空间。

左、右1：室内光影交织

右2、右3：大厅一景

右4：灯光如同层层叠叠的大网

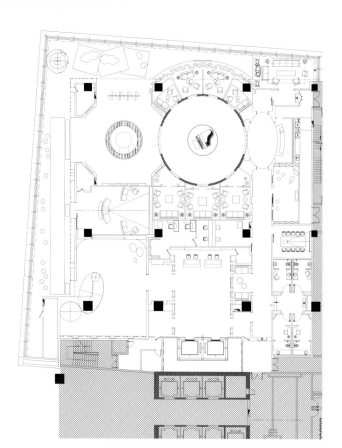

左1、右1：走道一景

左2、右3：洽谈休息区

右2：灵动的室内装饰

REALM OF CONVERGENCE

弥合之境

设计单位：彩韵室内设计有限公司

设　　计：吴金凤、范志圣

参与设计：黄桥、郑卫锋

面　　积：1670 m²

主要材料：精品黑板岩、天然柚木钢刷、天然石材薄片

坐落地点：台湾新北市

完工时间：2014

摄　　影：游宏祥

疾行的节奏，至此都和缓，四方萦绕的池水、风雅的古旧陶瓷，点映于实木与天然石共构的建筑主体，量体大而蓄涵，接引方直而生动的内外线条，材料应着空间展露其裸生的不伪然质地如诗词之衬字，扬抑语气，眺凝意境。

木、石等自然元素，透过大面积落地窗毫无窒碍的引入室内，空间的配置朝横轴拉展，自有舒张之意气；廊道两侧，接待柜台与洽谈区域隔着黑石勾边的木质地坪板材互应排铺，主空间右侧，可经由户外沿廊曲径通往视听放映室与模型展示空间，左侧则邻接三间样品屋。整体室内空间的布局及动线依使用机能作出明确分划：厅堂、回廊、院落、边间，再现古典大家宅邸的行走经验；置中、转缓、明快的空间格局，取样自现代设计的收弛有度。

四座石板墙作为个别洽谈区的隔分屏幕，精心量制的厚度恰可嵌入平板屏幕，深色木桌、淡灰沙发绝无奢华高调，而是在望向窗边由交织铁件所框画的水景与碧景，彼时，随同心境，自身、外物亦不再截然有别，如同这座侧居高楼群落一隅的水榭亭阁，悠然隐于市。

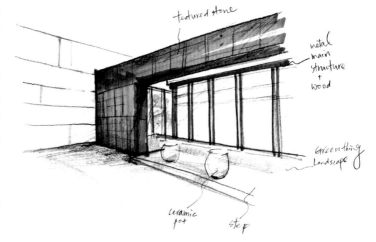

左1：外部全景

右1、右4：绿植装饰

右2、右3：室内一角

左1、左2、左3：走道一景
右1、右2：洽谈休息区

WATER BAY 1979
水湾1979当代中心
CONTEMPORARY CENTER

设计单位：于强室内设计师事务所
设　　计：毛桦
面　　积：900 m²
坐落地点：广东深圳
完工时间：2014.08

有着"改革开放第一村"之称的水湾村，是蛇口改革开放的最前沿，也是中国现代历史发展的一个缩影。开发商为了纪念这段影响中国的历史，将项目名确定为"水湾1979"。

水湾1979售楼中心的设计，以"RUNWAY秀场"概念为主线，每个走过"T台"的人都是主角，在艺术化的空间场景中，感受时光之轮转，并可以从中看到水湾的历史、现在与未来之间的脉络。艺术感的"T台"由彩色瓷砖拼花铺设而成，天花垂落的吊饰装置则从当代艺术家徐冰的作品《天书》演变而来，沿途造型各异的展示区展出的是当代艺术家的作品，晕染着从乳白色玻璃里透出来的灯光，让人沉醉在这一段充满未来感的奇幻旅程里，近距离感受艺术之美。

令艺术与设计真正有效结合，是开发商对该项目的期待，也是我们做空间设计时的出发点。项目完成正式开放时，也由最初定位的"售楼中心"，更名为"当代中心"，成为了深圳文化艺术等各个圈层交流聚会的根据地。

左1：洽谈休息区
右1、右2：休息区近景

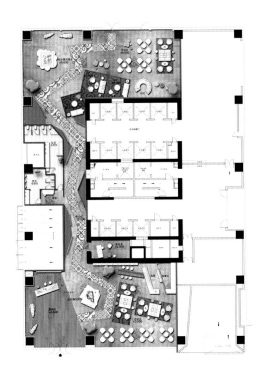

左1、右1、右3：充满艺术感的室内装饰
右2："T台"由彩色瓷砖拼花铺设而成

无锡灵山·拈花湾售楼中心

SALES CENTER OF WUXI
LINGSHAN NIANHUAWAN

设计单位：禾易HYEE DESIGN
设　　计：陆嵘
参与设计：李怡、苗勋、王玉洁、项晓庆
面　　积：约2200 m²
主要材料：实木、竹子、布朗灰石材、黑蝴蝶大理石、清镜、藤编、竹帘
坐落地点：无锡灵山

本案所有的室内设计均基于前期精心的项目定位、策划，才度义而后动，一气呵成。在设计构造上，运用了"竹、木、水、石"这些最简单的材料。取竹之气节、水之灵动、木之温润、石之坚韧。摒弃了刀劈斧凿的痕迹，保留其古朴与天然的味道，旨在为来到这里的人们营造轻松从容、潇洒写意的禅意氛围。

入口处主题艺术装置为该空间设计的精神堡垒，天然竹节通过透明鱼线串联组合成了一个"天圆地方"，透过中心孔洞，后面是一幅由天然材质拼贴而成的、气势磅礴的巨幅水墨山水画，在底下薄薄一汪清泉缓缓涌动下如梦如幻；清风过处，水波浮动，连同联接天地的管竹相互共鸣……

步入二层，映入眼帘的是灰白砂石铺设的枯山水，上面布满了大小各异的鹅卵石，踩踏之下，才知那厚实柔软的触感原来是几可乱真的地毯，走几步还能感到水波荡漾起伏的层层纹理。随意靠在鹅卵石之上的沙发上，这种视觉和触觉的冲撞感十分有趣。

末端小竹亭掩映在一层自天而下的半透明纱幔里，它有着个直白的名字——发呆亭。顾名思义，在这里唯一需要做的事就是发呆而已——偶尔发发呆放放空、远离都市的尘嚣和烦忧，真应了一沙一世界，一花一天堂。在禅意的角落里，人们能够忘记生活的烦躁，在静谧中"诗意地栖居"。

左1：大堂
右1、右2：休息洽谈区
右3：多功能大厅

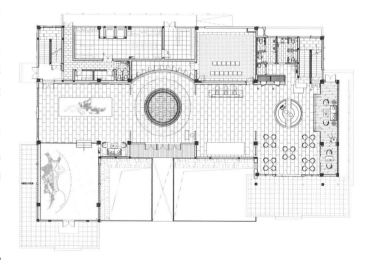

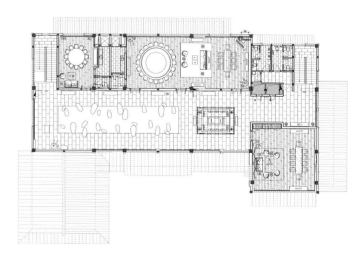

左1、左2: 展示区
右1: 多功能大厅
右2: 洽谈休息区
右3、右4: 接待室

ZIYUE MINGDU SALES
OFFICE

紫悦明都售楼处

设计单位：佛山硕瀚设计有限公司

设　　计：杨铭斌

面　　积：550 m²

主要材料：木饰面、硬包、古铜色不锈钢

坐落地点：广东佛山

完工时间：2015.01

摄　　影：Beni Yeung

"美学的生活，就是把自己的身体、行为、感觉和激情，把自己不折不扣的存在，都变成一件艺术品。"这是法国哲学家 Michel Foucault 说的。

一直以来，建筑设计师都意识到"对称"的重要性，对称是很自然的东西，包括我们的身体。对称也影响着人们对空间的观感，并成为设计美学中一个重要的原则。

当人在对称的空间里会感觉平衡和舒服。而我们看到这个项目原始建筑结构时，觉得是个有趣的空间，八分之一圆形的弧线内部空间，因此我们结合项目功能需求以及商业定位，以轴线为中心动线，将弧线的内部空间规划每一功能区域。所设计的每一个空间与立面通过思考而选定物料，再运用物料创造出空间的比例构图。最终目的不是只追求空间的构图美，而是使每个空间都能反映出应有的特质与功能，也让体验者能够在其中感受生活。

左1：大堂
右1、右2：休息洽谈区
右3：休息区俯拍图
右4：室内一景

ZHONGSHAN RUNYUAN
SALES OFFICE

中山润园售楼处

设计单位：大观•自成国际空间设计

设　　计：连自成

参与设计：曹重华、孙杰

面　　积：935 m²

主要材料：影木、胡桃木、水云石大理石、灰镜

坐落地点：上海

完工时间：2015.01

摄　　影：张嗣叶

"竹林下，小溪旁，遥望山峦叠翠，抬头即蓝天"这样桃花源般的景致，可以说是都市人对于闲适生活的全部梦想。

步入售楼处大厅有一种置身于鸟笼的视觉想象，它是对蝈蝈笼原型的再创造，也是整个空间里"最生活"的一部分。熟悉中国历史的人大都对这一物件不陌生，在古代它常出现在达官贵人手中用来把玩，是尊贵和休闲的标志。将它设立在售楼处最显而易见的地方，旨在传递一种情愫：以鸟笼之名致敬历史，令中国风得以具象体现的同时，也让"偷得浮生半日闲"的惬意弥漫至整个空间。

在整个售楼处设计中，处处弥漫着写意自然的气质，仔细观察不难发现，细节之处的考究才更能突出其尊贵奢华的本质。悬挂于大厅中央的"万重山"由25万颗璀璨的水晶组成，是6名经验丰富的技师耗时2个月的心血所得。它以连绵山峰的造型出现，并且和门口的桃花搭配，不仅映衬了传统中国风的主题，也在一定程度上彰显了售楼处大气磅礴之势。

在这里，从微观世界看自然的景象，中国写意的山水意境全盘托出，这也是设计师所表达的场所精神。另外，从饰品的选择到细节的控制，每一步都极具考究。因为市场上的手法难以满足设计师对于空间的期望，因此这里的装饰品全部私人订制。

左1：入口水池
右1：入口接待处
右2：水吧台

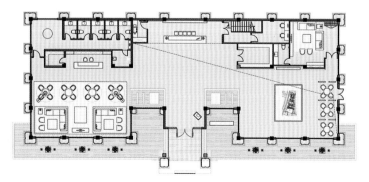

左1：沙盘区域
左2：水吧台正面
右1：室内一景
右2：休息区域

莲邦广场艺术中心

设计单位：台湾大易国际设计事业有限公司
设　　计：邱春瑞
面　　积：3000 m²
主要材料：钢材、低辐射玻璃、大理石、木饰面
坐落地点：珠海

项目位于珠海横琴特区横琴岛北角，享有一线海景，与澳门一海之隔。整体项目从"绿色"、"生态"、"未来"三个方向规划。从建筑规划设计阶段开始，通过对建筑选址、布局、绿色节能等方面进行合理规划设计，从而达到能耗低、能效高、污染少，最大程度开发利用可再生资源，注重建筑活动对环境影响，利用新的建筑技术和建筑方法最大限度挖掘建筑物自身价值，从而达到人与自然和谐相处。
建筑造型以"鱼"为创意，采用覆土式建筑形式，整个建筑与周边环境融为一体，外观像一条纵身跃起的鱼儿。覆土式建筑形式可供市民从斜坡步行至艺术中心顶部休闲娱乐，同时可观赏珠海、澳门景观。建筑中心区域通过通透屋顶处理，建立室内外灰空间，从视觉上形成室内外一体景观。周边结合园林绿化通过水景过渡及雕塑、装置艺术品等设置，增加艺术氛围，形成滨海的、艺术的、人文的、自然的公共休憩场所。
室内是建筑的延伸。首先考虑建筑外观及建筑形态，在满足审美和功能需求后把建筑材料、造型语汇延伸至室内，把自然光及风景引进，室内各个楼层紧密联系，人文环境相互律动。室内分两层，展示和办公，在硕大似窈窕淑女小蛮腰的透光薄膜造型下，可纵观综合体项目的规划3D模型台。阶梯式布局采用左右对称设计，左边上、右边下，可欣赏窗外风景。靠近澳门一面是全落地式低辐射玻璃，在满足光照前提下，可观赏澳门美丽风光。绕着一个全透明类似于椎体玻璃橱窗，这里是整个建筑体最高处，达12米，可到达2层办公区域。通过圆柱形玻璃体内侧的弧形楼梯可达建筑屋顶，澳门和横琴景色尽收眼底。

左1：外观像一条纵身跃起的鱼儿
右1、右2：整个建筑与周边环境融为一体
右3：弧形楼梯

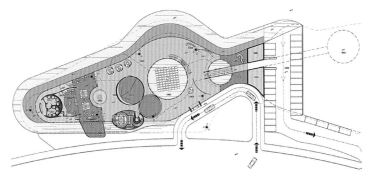

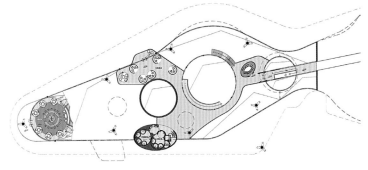

左1：弧形楼梯俯拍图
左2：洽谈休息区
右1、右2：大堂一景

SALES AND EXHIBITION
CENTER OF SUZHOU
ZHONGRUN

苏州中润售展中心

设计单位： 杭州海天环境艺术设计有限公司
设　　计： 姚康荣、郭赞
参与设计： 胡俊敏
面　　积： 2100 m²
主要材料： 造型冲孔铝板、定制石膏板、大花白大理石、PVC圆管、木纹防火板
坐落地点： 江苏苏州
完工时间： 2014.08

苏州中润售展中心地处苏州高新区，总建筑面积为2100平方米，占地面积为683平方米。由于该地块处于两条道路的交叉角，用地形式为类三角形，为了充分利用地形，所以建筑形式选用三角梯形块叠加组合成三层的建筑单体。每层梯形块与下一层形成错切，强化了各体块的冲击力。建筑表皮选用三角穿孔铝板，图案选用三角形旋转60度，形成六角形的模块，类似于蜂窝组合，延续了整个建筑表面，独特新颖且具有现代时尚感，强调了地产企业的品牌形象。

建筑设计为三个楼层，结构类型为钢结构，高度为14.1米。为了体现建筑的层次感与多变性，在内部钢结构柱网关系不变的前提下，把三个楼层的外表皮造型运用了错切及叠加的艺术手法进行了重组，让建筑在视觉上更具动感与活力。整个建筑外表面材质均包裹冲孔网状的装饰铝板，使建筑在保证通风与采光的前提下更加完整和统一。

售展中心内部空间按功能内设11米高的展示中庭，由二层的檐口开始逐层内退，形成梯田式的形体，丰富了非对称的梯形内部空间。在逐层内设置灯带，形成向上内凹的渐变灯带，强调了空间的形式感。另外一层还设置了大堂吧、接待中心、展示区、贵宾室以及后场办公区。二层局部设置了会议区、办公区以及员工餐厅。

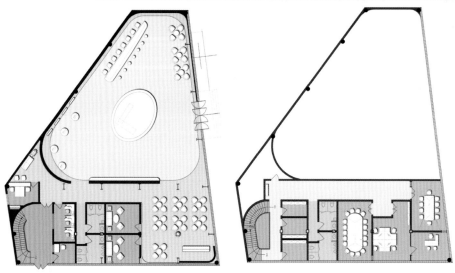

左1、右1：建筑表皮选用三角穿孔铝板
右2：前台
右3：沙盘区
右4：梯田式造型

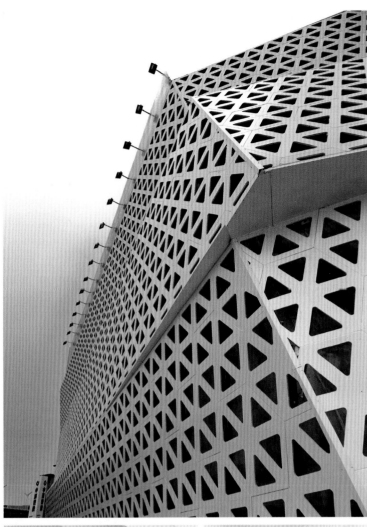

2015
China
Interior
Design Annual

2015中国室内设计年鉴（2）

《中国室内设计年鉴》编委会

辽宁科学技术出版社

目录

万科松湖中心璞舍别墅

设计单位：深圳市派尚环境艺术设计有限公司
设　　计：周静
参与设计：周伟栋、李忠
面　　积：1150 m²
主要材料：橡木、石材、钢板、乳胶漆
完工时间：2014.11

在空间处理上，我们尽量做到使其通透，创造视线延伸的最大化，连接室内外景致，
开启居住者的感官，打开视觉，开启听觉，让居住者用全身心去感觉气味、重量、
质地、形状和色彩。同时，取消了空洞的、过多的会客厅布局，留出充分的空间
来精心构筑室内园林和小景。每层精简后的会客空间，根据其功能赋予它最契合
的主题。例如，地下二层的空间最为空灵与通透，将茶道作为这一空间的主题，
体量巨大敦厚的原木茶台沉淀了岁月和自然的笔触，在极简空间中与茶相伴。
本案陈设设计中，坚持采用大量原创作品，有来自中、法、意的多国艺术家，如
Jing Team 的原创艺术装置以及 Alessi，LSA、Tom Dixon 设计师的作品，为空间
增加了许多画龙点睛的亮点和神韵，提升了人文内涵和艺术性，柔化了空间冷硬
的线条感，创造出清爽精致的休闲风格。

右1：一层
右2：酒水吧台

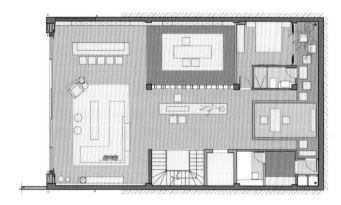

左1：负一层会客厅
左2：负二层
右1：一层

左1：二层家庭厅
左2：三层主卧洗手间
右1：三层主卧

GUGU 1604 SAMPLE
HOUSE

贵谷1604样板房

设计单位：林开新设计有限公司
设　　计：林开新
参与设计：余花
面　　积：380 m²
主要材料：实木、大理石、肌理涂料
坐落地点：福建福州
摄　　影：吴永长

当下生活已在不经意间被我们复杂化了，多余而繁琐的设计常常会掩盖生活本身的使用需要。凸显人的精神空无。所以，对于真正理解生活本质的现代人来说，更倡导内心与外物合一的简素美学主张。人们对空间设计的追求已不再单单是为了满足居住的需求，更侧重于精神层面的追求。

庄子说："天地有大美而不言。"本案设计以自然、人文、度假为主题基调，同时依托当代设计手法，用清雅低调的美感、沉静平和的气度来表达东方文化的精神格局。设计师从项目的地域环境、楼盘特色、人文精神出发，通过精细的考量和规划，采用大量的"有温度、有感情"的木质元素和天然材质，力图打造出一个充满自然气息和人情味的空间。设计师直取设计的本质，表达出空灵之美，给人以遐想，使人从表面的艺术形态中超脱出来，品味幽玄之美，远离都市的喧嚣，让生活回归质朴、舒适和宁静。

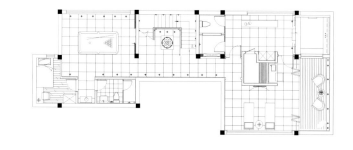

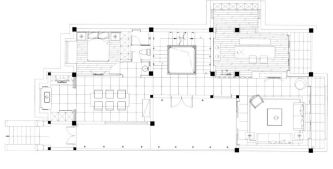

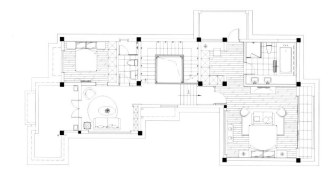

左1：俯拍图
右1：简约个性的凳子设计

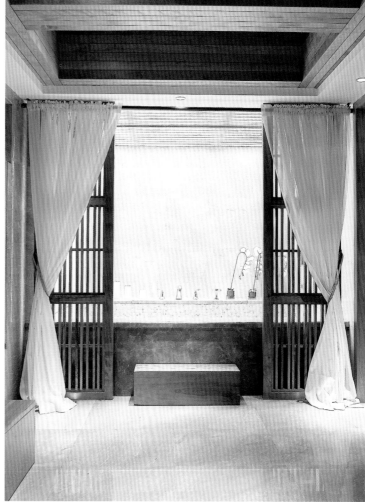

左1：餐厅

右1：客厅

右2：简素的装饰

右3：拐角一景

TAOHUAYUAN XIJIN
GARDEN

桃花源西锦园

设计单位：北京居其美业室内设计有限公司

设　　计：戴昆

参与设计：刘芸芸、肖宏民

面　　积：1084 m²

坐落地点：杭州余杭

完工时间：2014.10

摄　　影：傅兴

项目希望表达这所中式传统山水建筑园林中的大宅，不仅能传承东方审美的易趣，
还能满足现代西式居住的舒适性。达到两者的相互交融与共存，我们在探索着一
种独特互通的设计语言。

入户过廊的地面只在石材收边处点缀一点中式纹样，把重点放在结构列柱和天花
结构上。照明点面结合地落在几处新派装饰画、家具及饰品上，几株迎春从青花
瓷瓶中舒展开来。

从过廊进入客厅，恰似展开一卷风格秀丽、气质细腻的工笔画。整体色调取自青
釉的色泽，在高贵中带着优雅。西式白色布艺大沙发搭配中式风格点题的松绿钢
琴漆石材面大茶几，黑底描金漆画与藤编壁纸基底透出的银箔熠熠生辉。

外廊一池碧水旁就是家庭厅了，是一家人共享天伦之所。有感于陶渊明田园诗的
意境，室内整体色调以青绿点题，图案以碧草嫩芽和待放含苞来陪衬，通过特别
定制的数码喷绘布艺将整个房屋立面包裹，柔化的空间让人身心放松。素净白的
自然脱色做旧家具，棉麻搭配的布艺，自由伸展的根茎上点缀几颗珊瑚贝壳自成
一景，且带出闲情逸趣的诗文情怀。

曲径通幽处，禅房花木深，女主人书房设在园中最是安静的一隅。跟随流水蜿蜒，
小溪潺潺的意向便是这里静谧的调性了。冰蓝色的清透在丝质窗帘与地毯上折射
细腻的光泽，白纱罗帐透出花格窗外朝暮黄昏的光影游走。晶莹剔透的水晶台灯，
幻彩的贝壳首饰盒，一瓶幽幽沁香的野花，感受时光深处的岁月静好。

二楼主卧玄关及主卧的色彩灵感取自传统粉彩瓷器的娇媚柔和。浅卡其色高光漆
嵌中式线条的金属铜条，全皮质床上选用丝质缎子的面料，色彩柔和中求对比变
化，图案似是白描和水彩，质感肌理饱满，层次丰富。

萦空如雾转，凝阶似花积。双亲房内取古人咏雪寄情的情思，打造出纯净的雪白
意境，色彩控制在冷暖灰白之间，只在肌理质感中寻求微妙的变化。

进入地下娱乐空间，与楼上形成鲜明的对比，意在凸显浓墨重彩的视觉冲击，色
调上绿意红情，图案繁花似锦，灯光营造一种幽暗暧昧的氛围。

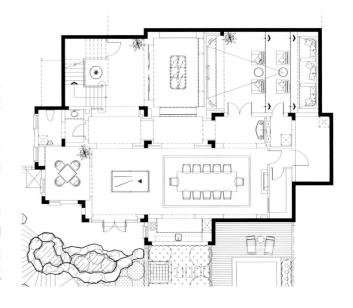

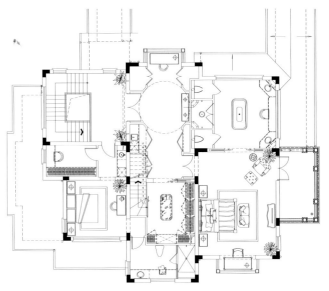

右1：主卧书房

左1：客厅
左2：地下多功能厅
左3：门厅过廊
右1：女孩房
右2：地下过廊
右3：男孩房
右4：双亲房

杭州万科郡西别墅

设　　计：葛亚曦

参与设计：蒋文蔚、彭倩、潘翔

软装设计：LSDCASA

面　　积：640 m²

坐落地点：杭州余杭区良渚文化村

完工时间：2014.08

摄　　影：梁志刚

华夏文明中，良渚文明作为一个重要分支，被称为南方的都邑。由于区域内气候、山水风光等条件的优良，成为具有避世情怀的名仕向往之地。我们尝试守护基于文明和教养的品位，传承万科良渚文化村建造者的意志，激发热情、示范美好的体验。以鉴别郡西别墅内涵的审美力和鉴赏力为标尺，找寻人生逐渐趋向返璞归真的领袖群，并在审美价值上建立沟通的桥梁。

LSDCASA 团队决定攫取一些能够构筑符合当代美学习惯的、体现名仕阶层和儒家礼制的元素加入，比如良渚文化中圆润温和的玉石，以清汤亮叶闻名遐迩的西湖龙井，清可绝尘浓能远溢的桂花，烟雨朦胧的西湖美景等。

在设计中，我们将这些自然意趣元素进行演绎加工，将玉石的温润色调，西湖龙井的清绿攫取出来形成主色调与点缀色调，烟雨江南的美幻化成水墨，辅以各种精致雅趣的玩物。日常生活元素皆成为经典的美学意象，托物言志，自然地将中式味道中的力量与意趣呈现出来，营造了一座看似朴素温和，却拥有气度与涵养的居所。

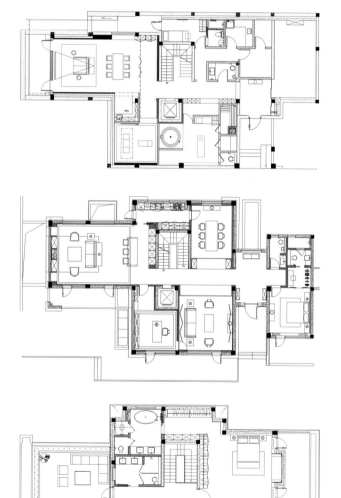

左1：庭院

右1：客厅

左1、右2：家庭室
左2：客厅
右1：负一层多功能厅

WEIGHT OF TIME

时间之重

设计单位：台湾十分之一设计事业有限公司
设　　计：任萃
面　　积：132 m²
主要材料：雕刻木皮、黑铁板、黑铁框、白镜
坐落地点：台湾高雄
摄　　影：卢震宇

静止的水面在一瞬间的永恒遐想中，扭曲、变形，在失序失重的世界里，我将要消失、无迹可寻。一道无晦的光线切开了视线里空间既有的秩序，霎时间世界开始失重，棱面光洁的镜面，在敞开大门的玄关之后，紧接而至，罗列出我生活的样子，我在宇宙中行走的样子，好似如此，又非如此。

挑高的天花板，如洁白的宇宙飞船底部在上方盘旋着，停止了在黑色宇宙中的滑行。无暇而没有尽头的天际线，用隐晦的分割线，交织出慵懒和忙碌区域之间的界定。黝黑的钢板，交织成一幅扩张在宇宙中的奇景，无法阻止好奇的手触摸冰凉带着韧性的金属光泽，一探这充满滑顺手感又蕴藏无限惊奇的温柔夜幕。无懈的黑夜白昼中，温润的木层架和七彩虹的颜色融合，盎然降生在孩子宁静安稳沉睡的小屋。

这一切都在瞬间，独独为我停留，只要我抬头仰望，就得到释放。光和黑暗交织的世界混沌虚无，却有无形的大手将光暗分离，各为美好，我在漫步，我在阅读，我在忙碌，我在沉睡。这是完美的宇宙，绝对的角落，而我开始失重，逃离这一刻之外所有的时间计算，不慌，不忙。

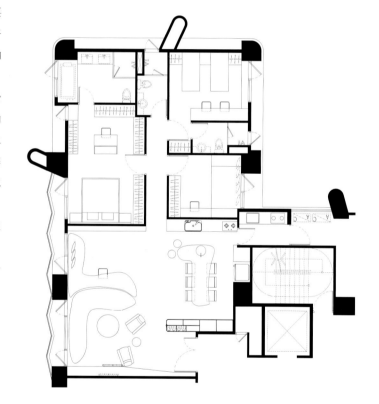

右1：开放式厨房和餐厅
右2：空间局部

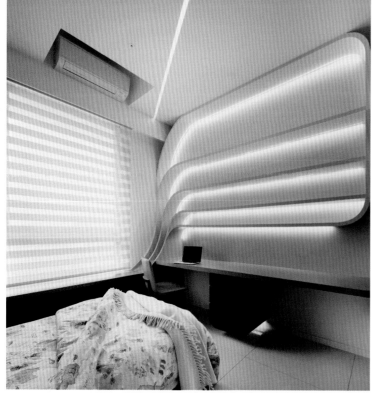

左1：餐厅
左2：客厅
右1：卧室
右2：儿童房

WIDE VIEW

纵观

设计单位：近境制作
设　　计：唐忠汉
面　　积：548 m²
主要材料：石材、铁件、玻璃、镀钛、不锈钢
坐落地点：台湾新北市
摄　　影：近境制作

刻意将量体运用穿透或局部的开放手法，除了虚化量体给人的压迫感，更让视觉得以在各空间中串连继而延伸。透过量体穿透，观察外在自然环境，于是环境、光与影，因着有形的构物随之变化，带来不同的生活体验场景。

纵目远观，一目全然。以空间为框，取环境为景，形成一种与存在共构，与自然共生的和谐状态，这是我们所能理解的生活形态，是一种基于环境及项目条件，运用建筑手法与自然环境产生关系的一种生活空间。

自然环境的色彩来自于光线，空间场域的色彩来自于素材，运用材料本身肌理及原色，赋予造形新的生命，透光光线与环境融合，刻意散落的浴室布局，营造一种随意轻松的氛围，借此洗涤心灵得到沉静。运用实墙或量体交错的手法，由主卧室进入主浴的过程，因着量体的置入，除了赋予实际功能，也巧妙区隔空间形态，形成廊道空间亦为更衣空间，借由不同空间分配的可能性，界定了场域也活络了人与空间中的动线。

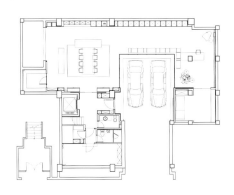

左1：穿透的手法让视觉得以延伸
右1：别出心裁的摆设
右2：个性化灯饰近景

左1：室内一景
左2：书房
右1：卧室
右2：主浴
右3：更衣空间

TWILIGHT IN FIGUERES

菲格拉斯的黎明

设计单位：美国IARI刘卫军设计师事务所

设　　计：刘卫军

参与设计：梁义、陈春龙

面　　积：100 m²

主要材料：大理石、文化石、木饰面

坐落地点：吉林

摄　　影：文宗博

"大禹城邦"是大禹公司继"威尼斯花园"之后的又一力作，定位为辉南首个
ART DECO风情社区。在总体规划设计上集精品住宅与特色商业风情街相结合，
并在国内首次提出了美学地产原创概念体系。基于ART DECO的装饰特征，用生
活情景化的视角构建超现实主义艺术美学。

萨尔瓦多·达利之戒，唤醒了想象力盛放之城——菲格拉斯。风起云涌的是文森
特·梵高呐喊的灵魂，明朗的海天辉映和恬静的山野村庄才是他对生活的渴望。
该是达利之戒解了土壤禁咒，蘑菇得以从麦穗中生长，蓝天和沙滩幻化成魔毯，
托着三五个沙发茶几，托着一个慵懒的梦。太阳在向日葵的花蕊中睡眼惺忪，所
有的花儿都撑起懒腰，菠萝也从帐篷中探出了头，除了耷拉在沙发上赖床的女人
的披肩和睡觉不老实而滚落在地的抱枕。女人去厨房煮早餐，昨夜读了一半的书
懒散地趴在沙发上，想念着西洋咖啡。书桌上贪睡的闹钟让黑色的马鹿错过了赶
回孩子的笔记里的时间，定格在那。男人起床了，太阳开始上班了。

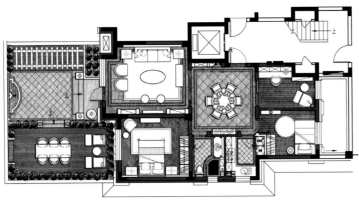

左1：向日葵样式的装饰

右1：客厅

右2：餐厅

LOFT生活样板间

设计单位：河南鼎合建筑装饰设计工程有限公司

设　　计：孔仲迅、孙华锋

参与设计：徐昆洋、董浩天

面　　积：150 m²

主要材料：蓝木纹石材、质感涂料、原木

坐落地点：河南商丘

完工时间：2014.12

摄　　影：孙华锋

在 loft 的空间生活是很多年轻人的梦想。本案位于洋房顶层，有着天然的高度优势。斜屋顶，舒适的灰调，温暖质朴的木材，模糊的空间界限，让人不知觉间卸下繁忙和压力，在自我的世界中得到精神和身体的彻底放松。

屋内的空间不再是单一的、功能性的叠加组合，空间的划分也不再局限于硬质墙体，而是更注重客厅、餐厅、工作、睡眠等空间逻辑关系的处理。为了更贴合年轻主人多变的居住要求，本案在平面布局上模糊了空间的界限，强调空间的社交功能，将吧台与工作台结合，将咖啡阅读区与餐厅结合，从而给一个家带来无限的可能。主卧功能配置更加完备，靠窗处专门设置了飘窗形式的沙发，让主人享有更多浪漫的私人空间。通透宽阔的卫生间、精巧迷人的书柜，简单中彰显品味。

设计以家具、材质、色彩、陈列品甚至光线的变化来传递不同功能空间的特质与关联，而这些空间又伴随着不同的生活场景展现出灵活性、兼容性和流动性。这里，人们可以独立于另一个自我的世界，无拘无束，如梦幻般生活。

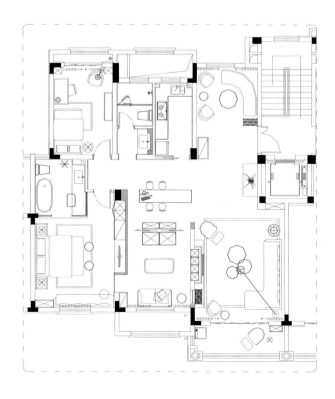

左1：精致富有情趣的陈设

右1：开放且轻松的居家体验

右2：多功能活动区与客厅既各自独立又相互对话

右3：灰调与自然的木质让人在任何地方都能放松下来

左1：兼顾客房的衣帽间满足主人实用与美观的需求

右1：孩子精致灵动的学习区

右2：儿童房宽敞的活动区

右3：阳光与阅读相伴

右4：空间的通透与挑高突显个性与LOFT感觉

TIANYI SAMPLE HOUSE

天玺样板房

设计单位：温州市华鼎装饰有限公司

设　　计：项安新

参与设计：蔡学海

面　　积：600 m²

主要材料：铜、柚木、胡桃木、大理石、毛皮

坐落地点：浙江温州

完工时间：2014.10

摄　　影：姜霄宇

新东方艺术生活空间综合了许多不同美学运动的结晶，运用了一些贵重金属、亚光质感、天然木材、大理石、不锈钢、毛皮等混搭的艺术品和饰品，彰显现代气息、典雅与品位，传达新东方艺术生活空间又不失典雅华丽的美学价值。在这个以感官主导、体验经济的新时代，人们对于空间开始诉诸更多无形、感性的部分，感性设计是这股趋势的出口，所以在每个设计案中，让每一幅画、一张地毯、一件摆饰，都能说出一个故事，这正是关键所在，也是理想中的新东方艺术生活空间美学精神。

本案设计坚持三个原则：转化、气韵、创新，以色彩线条来形塑东方意境，东方设计重生与西方现代设计的巧妙融合。注重空间格局，用料讲究，置入中国人的情感归属，体现了中国新时代中产阶级精致的生活图像。该建筑结构赋予空间最明亮的视觉，以具时尚感的黑、米白色为主基调，配以表面亚光开放的材质，如空间与家具陈设的颜色与线条，勾勒出中国山水画的意境，运用东方元素结合当代简约设计，建构出沉稳厚重的空间气质。

客厅场域内使用铜、白影木的背墙，是家人和亲友相聚的温馨地方。餐厅内局部胡桃木线条刻意简化，借由夸大、对比性强的米白色调营造奢华的迷人魅力。主卧空间灵感取自大自然的天然毛布，让时尚风貌更加突显。

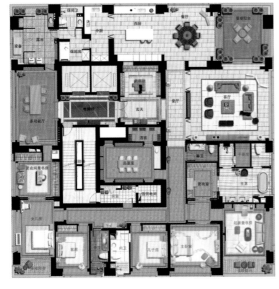

右1：书房

右2：黄蓝色沙发点缀的客厅场域

隐居繁华

SECLUSION IN PROSPERITY

设计单位：内建筑设计事务所

面　　积：室内1400 m²/景观 480 m²

主要材料：橡木地板、定制地砖、木材、手刮漆、水纹玻璃、织物

坐落地点：上海吴兴路

摄　　影：朱海、陈乙

如何做一个地方是可以安眠的，睡着当然是前提，或某些时候已忘记了睡的功能，
当"隐"这个字的出现又让事情变得复杂了些，再加上"居与繁华"已经本是简
单的说明文到了记叙文的细微，设计说明如产品说明，告诉如何使用，而有了叙
事有了停顿的思考，就需勾起某些深沉的梦境了。

隐居着的人，古称隐士，隐士的人格特点是寻求诗意的栖居，是人性的一种回归，
是对仕隐情结的一种解脱。如果东方的情怀不适宜于沪上，已被洋人染指的场景，
或第一层梦来自狄更斯的《远大前程》，郝维辛小姐的古堡，少年时期的《孤星
血泪》，或远与孤的翻译在现在看来都不尽准确。吴兴路 85 号在历史的灰尘中已
剩留躯壳，如郝家已被生物腐蚀的墙裙、动物吞噬的蛋糕、迎风抖动的残烛，何
处来的新生命？郝小姐当是已隐约在幕后了，艾斯黛拉展开了故事的开端，那骄
傲的美丽。

带匹普进入第二层梦境，东方的大城，接受礼仪交际教育的地方，远东的繁华之
地，建构非临时性的场所感，如门口的梧桐树从种下至茂密的过程。

第三层梦境是营造时间，时间的被损坏修复是需要在当下的，在老旧的屋子中，
百年前的建造、使用、野蛮的摧毁，也是可以用决断的方式再生的。因为第二层
的梦连魂也没有残留，那就将灵魂停留在缝隙里吧，呼唤出来聊天，当成电影的
旁白来仔细倾听，有男人有女人，男人或在寻问远方的消息，关于欧洲来的船期，
而女人关心的或是匈牙利的花朵封干的颜色及香味，就把这些用故意的方式凑在

左1：门口的梧桐树彰显了建筑的隐秘感

右1：餐厅

右2：低调的整体色彩中增添了沙发的一抹红，简单又不失奢华

一起，如他们隐居到海上的场地。

第四层梦境时已近凌晨，混合而抽离，游吟诗人或流浪歌手在戏剧性地聚集。远
处有海关大楼的钟声响起，每 15 分钟报时一次，采用 4 小节的音乐，15 分是第
一节，30 分时放两节，45 分时放 3 节，准点放 4 节，据说声音和伦敦大本钟威
斯敏斯特的乐曲是一样的。

之后，梦境退到 4·3·2·1，舒服的醒来在安静的周末阳光里。设计以如此的
方式说明不知是否有自身的意义。背景：1937 年 5 月，在上海法租界福履历路
上的一栋西班牙风格砖木洋房内，一声震天的啼哭声划破了老上海清晨的宁静。
名为董浩云的航运商人喜添贵子，整栋别墅都沸腾了起来，说来也颇为神奇，自
此他的事业蒸蒸日上，最终成为了世界级船王。而这位啼哭的婴孩正是 1997 年
香港回归后的首任特区行政长官董建华。那条福履历路（今建国西路）所在的天
平街道，也因其富有特色的海派洋房及梧桐成荫的街道，获得了上海"后花园"
之称。近一个世纪以来的繁华与隐逸就从这里拉开了序幕。

左1：优雅静谧的氛围

左2、右2：造型大胆独特的家居装饰

左3：楼梯一景

右1：室内一景

左1、左3：绿植装饰，充满生机

左2、右1：玻璃隔断，隐秘却又开阔

右2：卧室

卡纳湖谷李公馆

设计单位：宁波UI（优艾）室内设计事务所

设　　计：陈显贵

面　　积：560 m²

主要材料：仿古瓷砖、实木地板、壁纸、钢化玻璃

坐落地点：宁波东钱湖

完工时间：2014.08

摄　　影：刘鹰

本案设计上功能布局合理，空间动线流畅。在色彩把握上，轻重有度，使空间呈
现出"淡妆浓抹总相宜"的气质美学。这套别墅的设计很"好色"，格调高雅
的紫色护墙和垂坠感极好的黄色丝绒窗帘，互补色的强烈碰撞，显得浪漫优雅又
时尚个性；地下娱乐室的色彩则更为惊艳撩人，荧光绿的乳胶漆墙面修饰深咖啡
造型线，再是挂在墙上的画作，这一点睛之笔使空间瞬间生动起来；主卧绿色复
古护壁搭配黄色靓丽的软包，既有英式皇家的尊贵与雅致，又有当代美式的悠闲
与舒适，渗透着不同文化之间的和谐交融。

选材上，楼梯选用的清漆与护墙的混油木器漆形成对比，使木纹纹理更加清晰自
然。楼梯边侧内嵌的地脚灯，洒落在台阶上的轻柔光晕，让楼梯空间更有层次趣
味性，每踏一步都能体会到家的温馨感。

空间另一亮点是软装的搭配考究，造就了空间美学的灵魂所在，赋予了空间更多
的气质内涵。设计师把当代新锐画家的画作搭配在别墅空间里，设计与艺术的结
合，突显主人的文化艺术品位，空气中流淌着浓浓的文化馨香和艺术氛围。来自
中东的纯羊毛手工地毯，色彩图案丰富，为空间锦上添花。铜艺吊灯搭配美式当
代家具、饰品，既有西式元素，又有强烈的时代感，其文化感和历史内涵将奢华
的欧美风情演绎得淋漓尽致。

右1：一层客厅
右2：一层餐厅

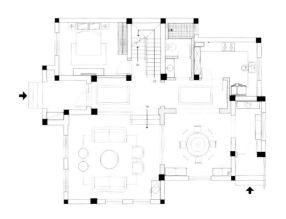
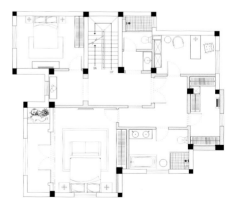
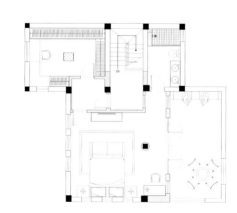

蒲公英

设计单位：广州道胜装饰设计有限公司

设　　计：何永明

参与设计：道胜设计团队

面　　积：116 m²

主要材料：大理石、黑镜钢、墙纸、透明玻璃

坐落地点：广东韶关

完工时间：2014.08

摄　　影：彭宇宪

本案由于采光不足，所以整个空间采用白色为主色调。白色作为基础色，有很好的反光度，加入部分镜面，增加光的折射，使空间充满烂漫光影，在视觉上延伸了空间。

屋主是年轻时尚的新一代，凭借儿时的一首《蒲公英的约定》，设计师在硬装上用具有现代感的直线条，纯净的白色，黑色和绿色作为空间的点缀，有着强烈的时尚艺术气息。客厅的直纹大理石地板与电视背景墙的条纹造型相呼应，给利落的空间添加了独特的格调，凸显了主人的个性。大片蒲公英喷画，将空间的精致细节完美演绎，带来视觉上强烈的冲击。巧妙的照明装置为不同区域空间制造惊喜和浪漫，光与影，为寂静的空间带来生命的气息。蒲公英在视觉上为空间的流动性作出切实的定义，体现了主人对生活充满了热爱。

简约，不仅仅是一种生活方式，更是一种生活哲学。

左1：阳台绿植装饰，充满生机

右1：白色主调，明亮浪漫

左1：简约又浪漫的客厅

左2：蒲公英在视觉上为空间的流动性作出切实的定义

右1：卧室

ODAL MANSION

澳珀大宅

设计单位：温州澳珀家具有限公司
设　　计：小杰
面　　积：5000 m²
主要材料：木头、石子、竹子、水泥
坐落地点：浙江温州

20 世纪 90 年代的中国开始复兴，在阳光、空气和水当中，澳珀在万物竞相生长中诞生。1993 年的一天，留洋归来的小杰为梦想取了个名字叫"澳珀"，他忘不了一种澳大利亚宝石"opal"的美丽彩艳，也忘不了在澳大利亚的留洋生活。澳珀的设计中心在温州，那是一个充满梦想的地方，以一首儿时记忆中的歌谣"爬爬山岭，吃吃麦饼，蚊虫叮叮，山水冰冰"为主题，设计并建造了这幢建筑作为澳珀的工作室。　而澳珀的制造中心，在苏州芦墟，爬满植物的工厂，洋溢着生活的闲趣，建筑也是小杰设计的。

任何一件经典物品的产生需要经验、工艺和选择最合适的材料，这三者澳珀都已具备。但是撑起澳珀品牌的却是澳珀的信仰和设计师对生活的激情。这种信仰和激情源于一个地方：温州。因为温州，所以有了澳珀。其不仅对生命有着细腻的情感，而且认为器具、家具、室内、建筑、木头、石头……每一个物品都是生命的个体。

其实澳珀背后还有一个人，那就是道家的老子。"道生一，一生二，二生三，三生万物。"木头、石头、竹子、泥土、爬藤、流水、阳光，与自然和谐共生的信仰流淌在澳珀大楼。纯于心、萃于形，简洁、洗练、平和、古朴，还有一抹淡淡的禅悟。这种道家的自然哲学与设计结合，让澳珀品牌走进中国，走向世界。

左1：澳珀大门
右1：室外丰富的绿化为整体建筑增添了清新感

左1、右4：别出心裁的室内摆设

右1、右2:木质家具、砖墙、地板与现代设计感完美结合

右3：造型独特的灯饰让人眼前一亮

DALI · CANGHAI VILLA

大理·苍海一墅

设计单位：重庆品辰设计公司
设　　计：庞一飞、袁毅
面　　积：180 m²
主要材料：做旧实木地板、硅藻泥、爱情海灰石材
坐落地点：云南大理

冬日暖阳，坐在户外坐席，一杯茶，看着飞鸟白云，光是这样呆呆地望着心情就会很好。隐隐约约可以看到不远处的炊烟和昨日泛舟的洱海，这样的空间纵享大理的所有，没有观光客的叨扰，在此静想，感受生活的美好。

设计师将半地下室的空间关系重新梳理，目的是让可以看见的柔和日光渗入室内。策划一个理想的下午，与悠闲一起散步。逛逛当地的菜市场，亲自为亲人或者朋友挑选食材，准备丰盛的晚餐。发现生活中难以发现的想象世界，酝酿出许多鲜活的灵感，让创意能量不断累积。定制的波斯地毯，羊皮手工灯，室内的暖色光线，让人想窝在室内。多少次到大理，新鲜感的期望值，已被它不断提升，感觉总要吸收些许与众不同。将区域的纯粹、质朴及丰富的老时光生活感让居住的人足以回味。

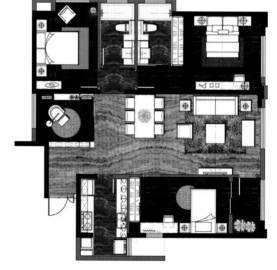

左1：花草环绕营造出自然温暖的氛围
右1：厨房
右2：客厅

SAMPLE HOUSE AREA
OF WUXI LINGSHAN
NIANHUAWAN

无锡灵山·拈花湾样板区

设计单位：禾易HYEE DESIGN
设　计：陆嵘
参与设计：李怡、卜兆玲、王玉洁
面　积：1900 m²
坐落地点：无锡灵山

样板区分散在拈花湾度假的可销售物业中，低缓翠绿的山坡上，一眼望去栋栋古朴精致的小屋参差而上，隐于竹篱与绿荫之中。没有了城市其他建筑物的干扰，这画面似乎有些不真实，仿佛置身于世外桃源，但它们却透着浓浓的中国禅味儿、真实地生长在那里，等待着懂她的主人，不是在拈花湾，又能在何处可寻？

这几栋小楼有着各异的风格——中式禅居、浓墨禅屋、异国禅韵、清雅禅音、南亚禅境。通过运用颜色、材质等设计语言，拉开感官差异。每步入一个屋檐，都是一次惊喜，大到整体空间氛围，小至一个门把手，都呼应着各自的主题、舒展着不同的姿态。不同年龄、不同地域、不同喜好的人们都能感同身受的知道在这个地方，能筑一个家。

中式禅居整体素雅清丽、古朴禅意、丝竹交错。虽同处一栋，却是相互交织的三套错层套房，米黄、灰绿、水蓝三个不同的色调，空间演绎又延伸出不同灰度、不同肌理的材质和软装，使得这三户语调统一、层次丰富。即使不断进入这么多个房间，也不会觉得无趣或乏味。

浓墨禅屋由主题名就能知晓这是一个风格浓郁，色彩多变的空间。果不其然，一进屋子就被这一抹芥黄吸引，不禁惊叹设计的用色之大胆。除了大面积芥黄色，墙面棕红、暗黄、抹茶色的丝质布料以及各种古老精致的家具和饰品，进一步完美成就了这一股浓墨重彩。虽然色彩对比强烈，却又如此和谐，空气像是凝滞的，让人心也沉静下来，感受时间和空间的悠远绵长。

异国禅韵的原木饰面、纯白火山岩、自然板岩，毫不雕饰的处理手法欲将纯粹进行到底。软装则配合着简洁的装饰得到更多发挥，整个空间通过大量生活气息强烈的家居用品支撑，显得特别有亲和力，一切都显得如此自然。

清雅禅音的茅草屋顶、原木家具、素色面料，一切都是那么得不经意，天然去雕琢。暖暖的阳光透过夹着薄纱的实木隔断，仿佛置身在了一个清丽如水、沉定如钟的桃源幽世，一颗心也被浸润得晶莹剔透，平滑如镜，不惹半点尘埃。植物装饰比任何饰品更具有生机和活力，画中的树枝小鸟与干枝的植物搭配在此，或虚或实，或静或动，不但丰富了空间，还给人们带来全新视觉感受，空灵脱俗，直达心灵的禅音。

南亚禅境充满南亚风情的家具搭配着色彩缤纷的装饰品，深深浅浅不同层次的颜色给原本沉重的木色增添更多活力，体现出南亚热情淳朴的民风民俗。度假气息铺面而来，吸入的空气也像是南亚特有的湿热味道，混着自然的木香、花香、沉香，不出国门也能享受这轻松悠哉的假日体验。

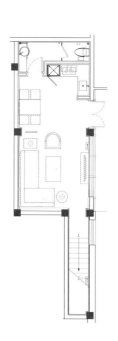

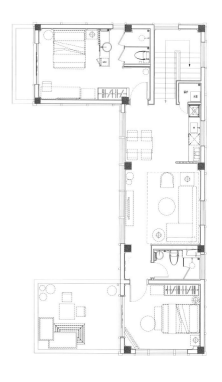

右1、右2、右3、右4：中式禅居

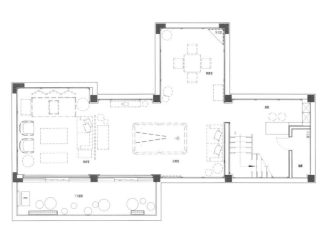

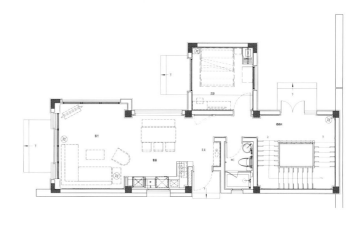

左1、左2、左3、右1、右2、右3：南亚禅意

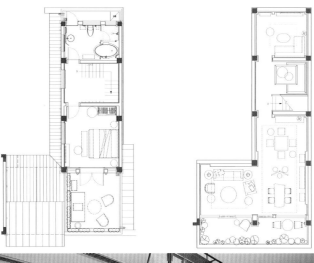

左1、左2、左3、左4：异国禅韵
右1、右2、右3：浓墨禅屋

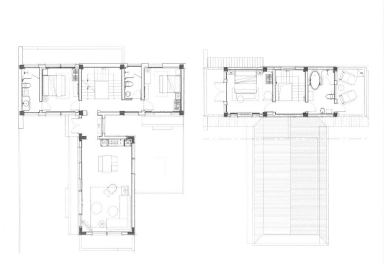

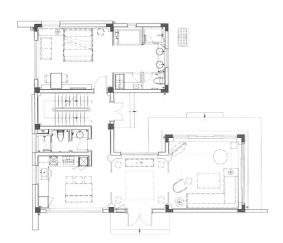

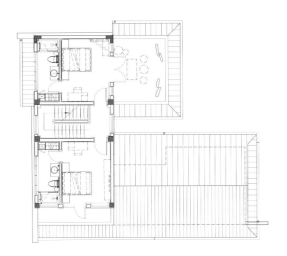

左1、左2、左3、右1、右2：清雅禅音

SAMPLE HOUSE OF CHINA
OVERSEAS LAND & INVESTMENT
THE SUZHOU DUSHU ISLAND

中海苏州独墅岛样板房

设计单位：香港神采设计建筑装饰总公司宁波分公司
设　　计：史林艳
参与设计：黄桥、郑卫锋
面　　积：530 m²
主要材料：圣诞米黄石材、金典罗马石材、马赛克、墙纸
坐落地点：苏州

本案结合中式元素，摒弃繁琐，运用美式、混搭的风格，保留了材质、色彩上经典华贵的贵族气质，简化了线条、肌理感和装饰。

会客餐厅一体式设计，相互连通又相互独立，矮柜、圆形餐桌的设置，避免了互扰及狭长的空间；中式古典元素，恰到好处的点缀，合理的安排会客厅、餐厅、厨房空间，使之便利日常生活，增强家庭的内聚力；通高石材装饰的西式壁炉置于住宅的核心位置，是不可少但又十分自然的场所。在这套以美式风格为基底的别墅中，象牙白色木墙裙搭配金属质感的玫瑰金不锈钢条，打破了常规的木作手法，令原本略感厚重、大气的美式风格多了一抹轻快、流动的韵律。

会客厅的挑高区域墙面透过中式元素中磨花镜面造型及铁艺栏杆嵌磨砂玻璃的运用，使狭长的区域具横向延伸性，使空间更显灵动。大面积落地景窗通透明亮，简单的中式石材地面围边，精致的雕花风口，布艺沙发搭配亮色皮质单椅，出挑的马赛克形体元素，细节无处不体现了内敛、深沉、气派，使人得到平静与安稳。

左1：矮柜、圆形餐桌的设置避免了互扰及狭长的空间
右1：美式、混搭风格的客厅尽显奢华

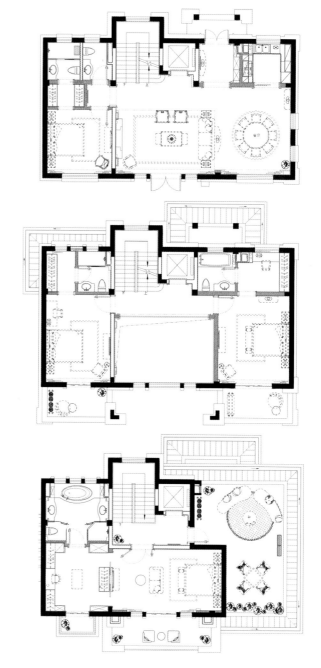

左1、左2: 室内一景

右1、右3: 卧室

右2: 灯光静谧柔和，低调奢华

ENGLAND WATERFRONT
VILLA

英伦水岸别墅

设计单位：宁波金元门设计公司
设　　计：葛晓彪
面　　积：580 m²
主要材料：瓷砖、大理石、墙纸、松木、柚木、红橡
完工时间：2015.05
摄　　影：刘鹰

黑格尔说"想象是一种杰出的本领。"设计师执着于原创的个性，并且乐于流出一些有意思且充满奇趣的空间，打破因循守旧的传统设计思路来"品读"作品。这就是作为一名跨界设计师对别墅的理解，没有什么套路，也没有风格的限定，只求洒脱自如的尝试各种可能，把想象融入设计融入生活，做设计做自己。

这套寓所定位为英伦格调的时尚别墅，以经典潮流又带点轻奢华的品质来表达，同时倡导环保，将很多原生态的材料融入其中，材质工艺与设计的完美结合，不同程度的呈现了寓所的复古与摩登，让人耳目一新。

本案客餐厅是最大亮点。时尚前卫的艺术性空间，与众不同的圆弧形大理石拼花形成了独特的视觉感受，简明的黑白两色运用，又在回转间有了线面的对比，表现了设计师在艺术中捕捉视觉之美的能力以及对整体格局的理性把控。客厅内高饱和度的 Natuzzi 明黄沙发极为醒目，而素简的汉白玉壁炉与设计师自行设计的以英国诗人拜伦勋爵的爱情诗歌作主题，通过精巧的木刻制作，呈现出犹如翻阅的书籍般立体效果，别出心裁，不仅中和了这浓烈的色彩，还备显整洁利落，有着时尚的现代骨感美。边柜和餐桌因整个空间的搭配需要自行设计，而菱形的元素就成为最具贴合性的装饰出现在这些家具中。

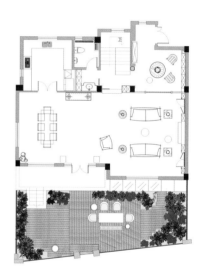

右1：客厅近景

左1：客厅

左2：餐厅

右1、右2：客餐厅细部

右3、右4：空间局部

左1：过道

左2、右1：时尚前卫的家具

右2：阁楼

右3：卧室

NEW LOOK OF OLD HOUSE

老宅新颜

设计单位：蒙泰室内设计咨询（上海）有限公司
设　　计：王心宴
面　　积：80 m²
主要材料：马毛地毯、马赛克、定制艺术画、镜面
坐落地点：上海永嘉路

项目位于旧时上海的法租界永嘉路老式里弄内，外表是一间不起眼的老房子，市井味十足却十分安静。原本租界的法式情节及女主人的浪漫情怀被运用到整个设计中。上海里弄房原本布局以非常中式的三块独立区域组成，如今只保留了整块前门区域。入口处的天井加盖了透明斜顶，改造成阳光房，一扫上海潮湿和阴霾。高大的盆栽树将室内与户外做了自然衔接。

穿过客厅，来到了卧室。没有任何过渡和遮掩，如女主人的个性直率坦诚。考虑到空间局限，这栋屋子最终按照酒店套房式公寓的布局进行改造。于是就有了入室见床的一幕。各种帷幔、窗帘为这个镜面较多的卧室提供了隐秘的私人空间。因为老房子层高问题，往地下又挖了几厘米，形成了下沉式浴室和小复式阁楼中的衣帽间。主卧是一个充满豪华感的"卧室兼起居室"，改变原来卧室小的问题。背景墙被打造成现代法式壁橱样式，内嵌的设计可以为卧室节省不少空间，柔和的线条，散发出浓浓的法式情怀。卧室内的"落地窗"作为盥洗室的入口之一，亦在木制窗格间嵌入了玻璃。左右配上窗帘茶几，自然而然地打破了禁闭空间的局促。即使是浴室，也可展现浪漫。一幅抽象的油画、一对白色蜡烛、一双复古欧式吊灯，透过浴室的落地窗，还可以看电视，享受美妙的泡澡时间。

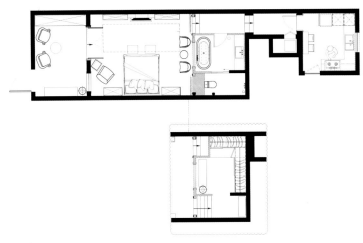

左1：客厅
右1：简约的储物柜
右2：卧室
右3：灯光效果下室内色调清新亮丽
右4：绿植点缀增添一丝生机

MONOCHROME VISION

黑白视界

设计单位：北岩设计

设　　计：李光政

参与设计：王宏穆

面　　积：168 m²

主要材料：微晶石、木饰面、乳胶漆、黑钛

坐落地点：南京

完工时间：2014.09

摄　　影：金啸文

本案业主为一对年轻夫妇，对功能性和生活品质有极高的要求，又对极简的黑白色调情有独钟。设计师根据业主的这些要求首先从生活的功能入手，先满足使用者对空间实用且高效的功能需求，进而再对空间进行了大胆地改造和规划。

原有入户花园打掉改为门厅同时也扩大了客厅的空间，原有北卧改为餐厅，扩大厨房空间的基础上，把原来餐厅位置作为岛台，使整个空间变得更加通透和宽敞。原有主卫扩大的同时与卧室的墙也拆掉改为灰玻，使整个空间更显开阔。

顶面极具张力的黑色线条贯穿整个空间，仿佛夜空里一道美丽的彩虹，使整个空间呈现出纯净、灵动、流畅的简约之美。软装搭配得宜，或许观者无法从画面上感受空间的舒适度，但可以想象业主在此生活必定十分舒适、自在，黑白视界油然而生。

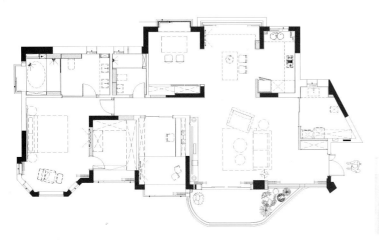

左1：装饰画和装饰品均是黑白色调

右1：鲜花点亮了空间

右2、右3：原餐厅位置作为岛台

左1、左2：餐厅
左3：简约书房
右1、右2：卧室

GUOXIN NATURAL CITY

国信自然天城

设计单位：北京东易日盛家居装饰集团股份有限公司南京分公司
设　　计：陈熠
面　　积：580 m²
主要材料：彩色乳胶漆、北美红樱桃木
坐落地点：南京浦口区江浦街道沿山东路
完工时间：2014.12
摄　　影：金啸文

国信自然天城坐落于风景优美的老山脚下，环山藏湖立坡，与美丽的自然风光融为一体，形成了独特的别墅景观。隐匿于浦口老山的这栋别墅，沉稳低调却又不失内涵，融合空间与环境，以森林的意象，延伸绿带，引入光线。自由流动的空间形态变化，模糊了室内室外的界定，将自然延伸进来，让居住空间融入其中。"所谓住宅，必须是个能够让人的心安稳的、丰富的、融洽地持续住下去的地方。"住宅带来的意义远超于它给业主提供的物质感受，更多的是人与自然、空间的对话，它所带来的人文情怀能够深刻影响居住者的情绪。因此，设计师的职责并不止于规划空间，更是引导业主改善生活方式、提升生活品质。

房子的西侧正对着婉转起伏的河流，于是设计师将负一层多余的客房功能去掉，将男主人停留时间最长的书房与休闲区、会客区安置在临窗最靠近自然的位置，同时利用采光较弱的空间改良成影音室。站在一层露台的西北角落，蜿蜒起伏的老山山脉即映入眼帘，然建筑自身略有缺陷，露台的护栏高达 1.3 米，不经意间便拉开了人与自然的距离。经过数据分析与实地感受，设计师改良了空间流线关系，扩大了餐厅的窗户面积，增加了流通功能，抬高了部分露台，得到了更广阔的视野与更便捷的生活情趣。三层的女儿房趣味性地与阁楼相融合，利用顶层的高度优势实现了少女的浪漫情怀，楼梯在解决功能问题的同时也提供了更大的储物空间。

雅致宁静的冷色调主导着空间，带有温情感受的暖色为点睛之笔，穿梭于居室的软饰之中。柔软地令人心生愉悦的布艺沙发衍生出淳朴自然的北欧气息，与之呼应的皮质家具带来了略显野性却又时尚精致的美式风情，水墨画、陶罐与枯枝更渲染了宁静自然、禅意流转的东方韵味。摈弃西方传统的繁复细节与奢华雍容，融入东方得天独厚的庄重内敛，兼收并蓄，传递着丰富的文化张力与包容性。柔和的混搭艺术在这里碰撞、摩擦，转而逐渐磨合、对话，传递出和煦舒适、返璞归真的气息，散发着含蓄优雅的魅力。

居室空间舒适清爽得宛若令人躲进了一场"青瓷泛舟上，白云乘风扬"的美好风光里。

左1：宁静的冷色调主导着空间
右1：客厅

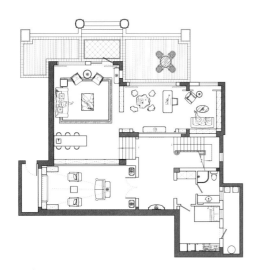
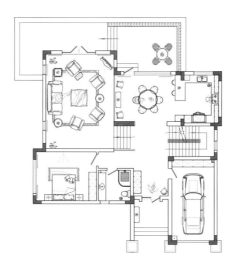
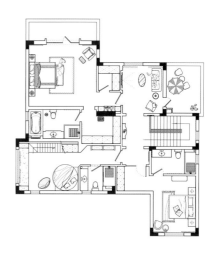

左1：沉稳的书房

右1、右3：餐厅

右2：柔软的布艺沙发搭配略带野性的皮质家具

右4：楼梯拐角

右5：卧室

LITERARY FAMILY

书香之家

设计单位：福州宽北装饰设计有限公司
设　　计：郑杨辉
面　　积：360 m²
坐落地点：福州三木家天下

知书达礼，即人的气质需要书的滋养，同样道理，家的装修不在于看得见的奢华，而在于空间的内涵和气韵，正所谓"最是书香能致远，屋有诗书气自华"。本案业主是小学老师，非常喜欢书，对他而言书是最佳的品味代言，所以特别强调要打造一个富有"书香气"的家居空间，让家的美不再限于表面，而是符合主人对精神文化更深层次的追求。

设计师在洞悉业主意愿的前提下，将对传统文化的理解吸收到现代设计当中去。通过对传统文化的再创造，把根植于中国传统文化的书籍、书法、梅花、文竹等古典艺术元素和现代设计语言完美结合，营造高雅悠远的氛围。通过多元化的手法对传统文化元素进行新的演绎，让其与新环境、新造型有机融合在一起，以空间界面为载体，创造出富有文化、美感和情趣的空间。

设计师精心调配出妥适的格局。净白空间里，由"书"元素延伸出的各种造型、手法，营造出灵气盎然的人文意境。客厅的设计充分应用了"书"元素这一有内涵的形式。客厅地板通过光面与亚光面瓷砖的结合来形成独特的视觉效果，设计师特意将其切割成不同大小的"书脊"形状，跟墙面形成一体式的造型，而且与"书盒"外观的厨卫连体空间形成呼应，给人浑然一体的构图美感。书架也是采用异型拼贴手法，富有动态感。餐厅吊顶被有意拔高，使空间更通透，古朴谐趣的壁画默默倾诉着"家和"、"有余"的中华情结。设计师还从传统水墨画艺术中汲取灵感，对客餐厅空间进行虚实结合、张弛有度且富有层次感的分隔，将更多的信息附加于空间界面之上。

灯光的设计也是本案的一大特色，大部分功能区域的吊顶所用的灯具全部采用隐形灯与射灯相结合的形式，使空间更显简洁、素净、内敛。卧室采用不同色阶的黑白灰，调和出一个极简的时尚空间，大面积的实木铺陈，给人舒适温馨的审美体验。地下室简明通透，通过天窗的运用引入花园的自然光，同时搭配玻璃、陶艺、麻布、草编等材质，营造出纯净如水的空间意象。空间适度留白能成就美的篇章，而在适合处填空也能为空间提升价值。设计师在适当的角落利用陶瓷艺术品、绿植给空间填空，充分发挥景观小品的形态美，打造空灵雅致的环境效果，让人置身室内也能享受户外庭院的美景和悠闲的氛围。

左1、左2：小景
右1：品一壶清茶
右2：层次丰富的空间
右3：楼梯
右4：灵气盎然的绿植

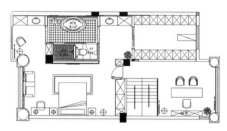

左1、左2：客厅墙面的"书脊"造型
右1：餐厅
右2：卧室采用不同色阶的黑白灰

浦建雅居酒店公寓

设　　计：张金沢
面　　积：8753 m²
主要材料：乳胶漆、白色烤漆板、橡木复合地板、地砖、镜面
坐落地点：上海浦建路727号

本案位于上海浦东浦建路727号，原为博世酒店，后由上海利特曼置业有限公司投资改造为浦建雅居酒店式公寓，由国际知名管理公司莎玛(Shama)负责营运。
设计师在客房部分的硬装上尽量减少繁琐的固定装修，墙面以浅灰色为主，并搭配移动性强的家具，在窗帘地毯等软装上给予多变的颜色，加上居家的灯光氛围，整体表现出现代时尚、明亮优雅、国际化的感觉，使整个客房既保留家的温暖又不失酒店功能，基本满足了长租或短租等不同地域客人的使用要求。
设计师在前台接待区域采用了黑白对比的表现手法：黑白大理石，浅色的墙纸，时尚的活动家具之间的搭配显得低调而又不失品位。

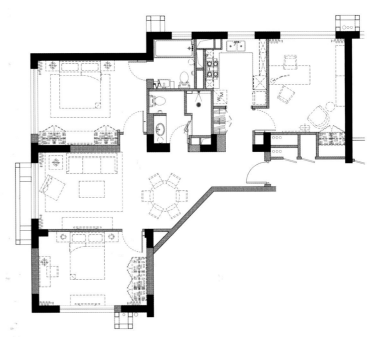

左1：前台采用黑白对比的表现手法
右1：客厅
右2：工作区

左1、右1：墙面以浅灰色为主
左2、右2：客房在软装上给予多变的颜色

SAMPLE ROOM OF A
HARBIN LOFT

哈尔滨某LOFT样板间

设计单位：哈尔滨唯美源装饰设计有限公司

设　　计：靳全勇

参与设计：姚业生、付琨、王旭东

面　　积：65 m²

主要材料：复合板、涂料、瓷砖、玻璃

坐落地点：哈尔滨

完工时间：2015.05

摄　　影：辛明雨

现代简约风格的居室重视个性和创造性的表现，利用艺术的手法，将自然的元素融于空间设计当中，打破常态，突出材料及色彩的体积关系。合理有效地利用空间，在简约中追求品质细节，在平淡中追求艺术氛围。

一层主要功能为起居室、厨房、餐厅和卫生间。在功能方面，门厅除了玄关外，还增加了衣柜功能的利用。客厅是主人品味的象征，整个客厅功能丰富，利用沙发背景墙的透视图画使其空间向外拓展。电视背景墙的设计与厨房融为一体，既不占空间，又极大方便了居室的空间分隔和利用，其合理的推拉门设计满足了现代生活所讲究紧凑的秩序和节奏。利用隔断让起居室和餐厅看上去分区分明又能融为一体，利用窗下柜门制作了折叠餐桌，可提供二至四人同时就餐的需要，满足了使用功能。

楼梯处巧妙地利用下面空间做成了暗藏式冰箱和储藏空间。通往二层，实木加玻璃的通顶组合很好得起到了分隔作用，简单大方又使整个二层空间光线通透，空气流畅。实木的墙面修饰配上顶部照下来的灯光，使整个楼梯空间提升起来。二层主要为主卧、更衣室和卫生间。卧室的床头为嵌入式皮革硬包，既起到了装饰作用，又减少了对空间的占用。电视与书籍暗藏在白色钢琴漆的多功能柜中，柜下的暗藏灯带为书桌区域起到了很好的照明作用。卫生间满足了干湿分离的需要，而单独空间的衣橱则充分满足了收纳的需求。

空间装饰多采用简洁硬朗的直线条。直线装饰在空间中的使用，使现代简约风格更加实用、更富现代感。

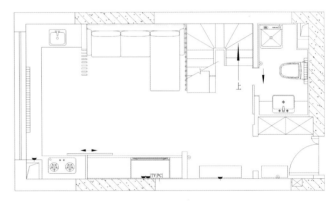

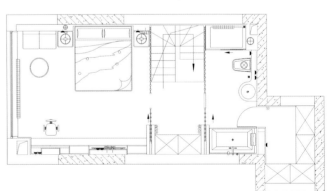

右1：沙发背景墙的手绘透视图

左1：楼梯间处有效增加了储物空间
左2：推拉门设计改变了空间使用功能
左3：卫生间
左4：利用木隔栅来分割空间
右1：卧室床头的嵌入式硬包

D-TYPE EXHIBITION UNIT OF CHINA
OVERSEAS LAND & INVESTMENT LTD.
"TIENYUE MANSION"

中海"天悦府"D户型展示单位

设计单位：深圳市艺柏森设计顾问有限公司

设　　计：王国帆

面　　积：110 m²

主要材料：大理石、实木复合地板、墙纸、瓷砖

坐落地点：济南

完工时间：2014.09

摄　　影：吴辉

新古典主义风格是一种改良的古典主义设计风格，它在体现经典的欧式元素和丰富文化底蕴的同时，通过现代的手法将东西方的元素融合，体现出一种多元化的设计特征，以一种创新和开放的设计思想表达出对生活品质的追求和个人的高端品味，受到人们的喜爱和追捧。

在本案例中，我们通过细腻的材质和精致的装饰品体现出空间的品质感，融合当地特有的齐鲁文化元素和经典的欧式元素，通过时尚现代的设计手法体现出非同一般的视觉效果。醒目的中国黄活跃了空间的气氛，同时也流露出一种东方的时尚气质。植物主题在布艺和瓷器等装饰品中穿插体现，并贯穿整个室内空间，优雅的色调体现出一种自然的氛围，让每一位访客感到轻松和愉快。

左1：客厅

右1：植物主题贯穿整个室内空间

左1：客厅
左2：从餐厅望向厨房
左3：过道
右1：书房
右2：卧室

SHANSHE HOTEL

山舍

设计单位：杭州观堂设计
设　　计：张健
面　　积：1000 m²
主要材料：水泥、木制、花砖、竹子、铁艺
坐落地点：杭州满觉陇
完工时间：2014.09
摄　　影：刘宇杰

山舍的经营者希望打造一间"有态度"的民宿，于是找到了以原创设计出名的设计师张健。山舍的原建筑是满觉陇村的 3 栋农民房，建筑年份都在 2000 年前，房屋结构不甚理想，改造老房是面临的最大挑战。设计师和业主对房屋内部的格局基本做了颠覆性的变化，并且为了确保每间房的舒适度和空间感，设计师和业主放弃了原本每栋可做 8 间房的打算，将房间数减少到每栋 5 间。现在山舍最小的房间是 18 平方米，最大的是 28 平方米，这在景区的民宿里算非常大的了。

设计师和业主都喜欢自然的、返璞归真的感觉，想带给客人纯粹的体验，因此在民宿的选材上也多为朴实的材质。譬如山舍整体外围采用竹子来包裹，与自然融为一体，充满禅意。地面和墙面很多采用木材，温馨又富有质感。

由于 15 间房的民宿可以容纳不少客人，因此业主特别开辟出一块区域作为咖啡馆，供客人休憩、闲暇聊天使用。咖啡区的吧台选用了非常醒目的老花砖，与质朴的白墙相映衬；客房里的淋浴房内也铺上了老花砖，带给客人穿越的感觉。

因为山舍独特的地理位置，顶楼可以望见景区连绵的山脉，设计过程中顶楼带露台的房间特意设置了露天浴缸。春暖花开的日子，放一池温水，让全身肌肤浸润，呼吸着山间的空气，仰望群山，这种感觉美妙至极。

左1：外观
右1、右2：白色架构的空间
右3：咖啡馆

左1：皮箱组成的奇特屋顶
左2：顶楼可望见连绵的山脉
右1：客房
右2、右3：卫生间

深圳回酒店

HUI HOTEL SHENZHEN

设计单位：YANG酒店设计集团
设　　计：杨邦胜、赖广绍
参与设计：谭杰升、李巧玲
面　　积：10000 m²
主要材料：裂纹漆、风化木、蓝色妖姬石材、铁刀木、稻草漆、木梁、海浪花石材
坐落地点：深圳红荔路
完工时间：2014.07

回酒店，深圳首家新东方设计精品酒店，由多多集团与YANG杨邦胜酒店设计集团共同斥资并倾力打造，坐落于深圳市千米绿化中心公园旁，紧邻华强北，由旧厂房改造而成，于2014年7月11日正式开业。"回"作为中国传统文化中最具代表性的文字，其古文字型是一个水流回旋的漩涡状，寓意旋转、回归。《荀子》有云：水深而回。在中国人传统的人文情怀中，"回"也是人们内心最基本的渴求，所以酒店以"回"为名，并以此作为设计灵感，让都市生活回归原点，自然回归都市，爱回归家中，让一切感知在艺术空间中得以复苏。

"回"归自然的东方美学意境，酒店整体设计以新东方文化元素为主，并通过中西组合的家具、陈设以及中国当代艺术品的巧妙装饰，呈现出静谧自然的东方美学气质。大堂整面绿色墙植与一字排开的鸟笼，去繁为简，加上清脆悠扬的鸟叫，让人有"蝉噪林逾静，鸟鸣山更幽"之感。酒店整体用色和谐统一，结合用心调试的每一束光源，散发出宁静优雅的文化气质。空间中一步一景，精心挑选的黑松、低调简单的亚光石材、波光粼粼的顶楼水面、质朴自然的木面材料，将自然界神秘悠远的天地灵气带入空间中，仿若置身旷阔林间。六楼至顶层的部分空间被打通，构建下沉式的室内庭院景观，并引入时下流行的书吧，让宾客在自然雅致的环境中获得身体与心灵的双重享受。

"回"归都市里的静谧之家，空间中随处可见的中式柜台、鸟笼、水缸、算盘、灯笼等极具代表性的新中式元素，将深沉、内敛的传统文化精髓表现得淋漓尽致。"粤色"中餐厅设计得巧妙独到，天花使用木梁结构处理，极具岭南建筑特色。精心栽种的美人蕉与窗外水景结合，颇有"雨打芭蕉"的诗意。空间中一幅幅熟悉的场景，唤起每一位宾客内心对于"家"的眷恋。

"回"归以人为本的贴心服务，酒店服务注重"以人为本"，除传统的酒店服务外，还提供私人订制贴身的管家式服务，有移动入住、个性化商务、旅游、秘书及私人代订服务等；首创业内"看到即买到"的创新服务，所有展出艺术品、家私设备均为独家定制，看中即可购买。

HUI HOTEL将中国传统文化中最具代表的"回"深挖到极致，让心灵、文化、自然在酒店空间中得到回归。它既是一次东方文化国际表达的呈现，也是对中式风格酒店的一次最新探索与诠释，树立起当代高端奢华精品酒店的标杆。

左1：外观
右1：水景
右2：书吧

左1：宴会前厅
左2：西餐厅
右1：鸟笼小景
右2：大堂吧

左1、右1：中餐区
左2：套房客厅
左3：大堂艺术品
左4：门头
右2、右3：客房

大连城堡豪华精选酒店

设计单位：J&A姜峰设计公司
设　　计：姜峰
面　　积：48800m²
主要材料：大理石、实木饰面挂板、壁纸、涂料、金属、镜子
坐落地点：大连沙河口区滨海西路
完工时间：2014.09
摄　　影：郑航天

城堡这一经典的建筑形态，因其厚重的历史与人文韵味而被酒店所使用，且早已在欧洲被广泛追捧。如今，这种酒店风格正以白金五星级的标准在中国大连被重新演绎。大连星海湾城堡建筑矗立于蜿蜒而茂密的莲花山上，俯瞰星海湾美景。时至今日，这座备受大连人喜爱、曾在无数人的照片和回忆中留下深刻印记的地标性建筑，以一方城堡豪华精选酒店的身份华丽回归。酒店外观保留了原有欧式风格，其典雅外墙由手工精心挑选的石块筑就。这座富丽堂皇的巴伐利亚城堡式建筑也被CNN推荐为"全球十大邦德主题酒店"。这座由众多国际顶尖团队协作，加上J&A参与室内设计，早已决定了其高端的定位，设计上的精雕细琢，与星海湾畔迸发出经典的共鸣。步入酒店，仿佛穿越时空来到了极致追求城堡艺术的古代欧洲，从巨大油画、精美铁艺扶手到立体大理石装饰，宛如文艺复兴鼎盛时期的古堡宫殿。

大堂穹顶由半透明的玻璃建成，可以让自然光柔和地洒向大堂。玻璃上雕刻着精美的图案，形成了棱镜的反射效果，阳光通过三棱镜，在大堂地面上留下了一道道小小的彩虹。在楼梯扶手上为了打造出暗黑色的视觉感官，设计师们经过几次调整都没有达到理想的效果，最后不得不在扶手的下面镀上一层金，再在金上镀铜。

酒店拥有292间客房与套房及67间公寓，或临海或傍山。内部装潢精美，海洋景观迷人。设计改造后的城堡呈现豪华现代的风格，从墙面装饰、家具选择到艺术收藏，每一个设计细节背后都藏着一段故事。站在海景房的窗边，看着夕阳的余晖映照在星海湾上，正应了那句诗：你在桥上看风景，看风景的人在楼上看你。

酒店拥有三家风格各异的餐厅，提供创意美食和地道佳肴。臻宝餐厅秉承"海洋到餐桌"和"农场到餐桌"的赏味理念，提供最原生态的海鲜和菜品；全日餐厅集锦餐厅的菜单则呈现多样化环球美馔；皇室啤酒坊拥有自酿德国鲜啤和北欧甄选美食。此外，宾客还可在行政酒廊度过闲适时光，在典雅的大堂吧悠然享用传统英式下午茶，抑或在华丽的贵裔廊细细品味干邑白兰地和红酒。

城堡，一个具有浪漫气息的词语，虚无缥缈朦朦胧胧。如今，大连城堡豪华精选酒店将带着对大连的承诺、带着对生活在这座城市的人们的珍贵回忆重新回归到城市生活中去。蓝天、白云、鲜花、一望无际的大海，都构成了世界上那些城堡酒店的种种幸福。

右1：夜景
右2：酒店入口
右3：大堂

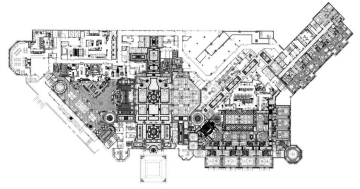

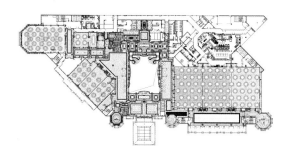

左1：大堂采光顶

左2：楼梯

左3：贵弈廊

右1：大堂吧

右2：豪宅

左1：臻宝中餐厅

左2：帝王厅

右1、右2: 豪宅

海口万豪酒店

设计单位：PLD刘波设计顾问（香港）有限公司
设　　计：刘波
面　　积：60000 m²
主要材料：木材、石材、艺术玻璃、马赛克、生态木、墙纸、墙布
坐落地点：海口

海南海口万豪酒店，是由深圳天利集团海口天利地产投资建立，由享誉全球的万豪国际集团经营管理，并由PLD刘波设计顾问（香港）有限公司担纲室内设计，共同为海口西海岸打造的地标性作品。这间满载新设计概念的顶级酒店将海口西海岸海天一色的无边景致与热带风格园林，386间外廊全海景客房及别墅，海口最大的生态泳池等得天独厚的各种元素共冶一炉，以独特的飞檐天际线，隽永的东方设计风格成为城市的亮丽新景。

酒店的室内设计风格是典雅的新东方风格与中式经典的时尚再造，融合项目不可复制的海岸景观，独特的气质会再次引起业内的模仿。设计师将东方文化印象与现代设计手法巧妙融合，不落俗套地创造出一种全新的独特风格，既有远离尘世的逍遥意境，又不失低调奢华的舒适感受。正如PLD设计师们一贯所认同的"好的设计，不仅仅是悦目，而是赏心"。当客人在海口万豪酒店留连，他们会发现，多年以来在全球酒店中旅行渐渐迷失的诗意正悄悄苏醒，耳边仿佛出现"游园惊梦"中的婉约唱腔：赏心乐事谁家院。的确，在物质财富泛滥的今天，真正的奢侈品已经不再是看得到的东西。当一种空间可以让你感受得到时光的流逝，可以让你回想起曾经的柔软和纯真，可以如一池净水让心灵慢慢复活，这样的空间才是真正意义上的罕有，因为最宝贵的往往是看不见的，真正的奢侈品不是物质，而是心灵。

左1：外观
左2：海鲜餐厅
右1：大堂
右2：前台接待

左1：大堂
左2：大堂吧
右1：宴会厅
右2、右3：自助餐厅
右4：行政酒廊

左1、左2: 自助餐厅
右1: 客房

南京颐和公馆

设计单位: 环永汇德建筑设计咨询有限公司
设　　计: 张光德
面　　积: 20000 m²
主要材料: 实木木饰面、实木地板、天然大理石、古铜色不锈钢
坐落地点: 南京市江苏路3号

颐和公馆精品酒店位于南京市鼓楼区颐和路民国文化风情休闲街区内,即颐和路与宁海路交界处,毗邻江苏省委省政府所在地,现存26幢独立的民国时期别墅建筑,属于民国原首都规划的一部分,是南京重要的历史文化街区。

鉴于颐和公馆所处位置的历史性、文化性和社会性,我们致力于打造一个具有强烈设计感、人文体验感、高度归属感的城市精品度假酒店。

酒店大堂入口设于原公馆区的内部街道,来到酒店,便置身于民国建筑群间,客人可以感受到鲜明的历史文化气息,想象着薛岳将军、黄仁霖、陈布雷等历史名人的事迹。酒店同时设置了文化博物馆,客人可以身临其境的感受现代南京及其相关的民国历史。酒店客房的设计中嵌入项目独有的历史与文化元素,部分客房参考建筑原主人生平进行设计,形式包含标间、套间、独栋等30余间客房,在保证文化内涵的同时满足了多样灵活的入住需求。餐厅包含中餐及西餐,契合了民国首都规划中建设为中西合璧的历史背景,也满足了客人的需求。同时还设置了大型会议中心及咖啡厅、雪茄吧、红酒吧、书吧、茶室等,以满足精品酒店的基本诉求。

颐和公馆设计的独特之处为活化再利用原有别墅的院落形态及建筑特征,形成动与静、私密与开放相互融合的环境空间,使室内外空间得以互相渗透、延伸,创造一个立于豪华酒店服务标准之上的城市精品居所。

左1、左2: 酒店夜景
右1、右2: 空间局部具有独特的民国风格

左1：餐厅
左2：空间色调沉稳大气
右1：客房
右2：卫生间

北京东升凯莱酒店

设计单位：北京清石建筑设计咨询有限公司
设　　计：李怡明
参与设计：吕翔、张真真
面　　积：18000 m²
主要材料：澳洲砂岩、橡木、丰镇黑
坐落地点：北京中关村东升科技园区
摄　　影：高寒

北京东升凯莱酒店位于北京中关村东升科技园内，由原有两栋相距 50 多米的职
工宿舍楼改扩建而成。本项目的建筑、景观和室内设计均由园区的总体设计单位
北京清石建筑设计咨询有限公司担纲。酒店景观以老北京的鱼盆为主题，手工紫
砂砖的外立面，配以繁星点点的幕墙夜景，中心庭院的 81 颗紫金竹，赋予了酒
店浓厚的历史文化感。酒店以"紫气东来"这个典故为设计引言，一方面契合了
东升凯莱酒店的名称，另一方面也着力挖掘这个典故所蕴含的哲学内涵，与京城
文化相结合，打造别具一格的酒店环境。

酒店入口引道两侧以圆中有方的屏风为序列，玄关拆除原有楼板后挑高两层，以
《道德经》为内容，以活字印刷术为展现载体，将客人的思绪引入到老子的"哲思"
世界。大堂以 21 米长的琉璃前台，饰以彰显紫气东来主题的整版祥云图案，同
时将室外的老北京鱼盆延续至室内，伴之与水、鱼、莲，无一不呼应主旨。咖啡
书吧一侧与大堂区隔帘相望，另一侧为室外水井庭院，方正简洁的空间，古朴整
齐的陈设，成为园区及酒店客人休息、洽谈的静谧之所在。酒店的泳池设计在建
筑的最顶层，玻璃幕墙一侧设计为无边界的泳池，置身泳池可无遮拦欣赏园区内
的美景，漫天的星光也可透过采光顶棚一览无余。开放式健身房与泳池相对，同
样可俯览园区另一侧美景，一切设置都为了每次畅快淋漓的健身而准备。客房设
计同样出人意料，大床房区域由原建筑改造而成，房间内也错落有致，小巧而温
馨。双床房内温馨大气，均配以高科技人性化的智能控制装置，充分体现出高科
技园区酒店的特有品质。

左1：繁星点点的幕墙夜景
左2：夜景
右1：过道
右2：大堂区

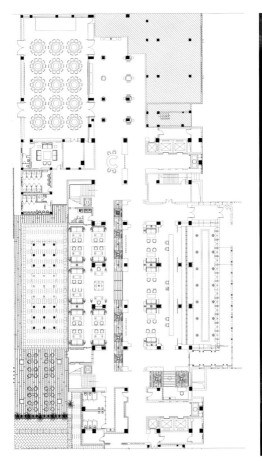

左1：水井庭院

左2：琉璃前台

左3：咖啡书吧与大堂隔帘相望

左4：长廊

右1：包间

右2、右3：客房

M-Hotel都城外滩经典酒店

设计单位：上海泓叶室内设计咨询有限公司

设　　计：叶铮

面　　积：12000 m²

主要材料：丝绒、皮革、达尼罗特殊涂料、镜面、夹胶玻璃、金属、手工地毯

坐落地点：上海南京东路

完工日期：2014.08

M-Hotel都城外滩经典酒店位于上海南京东路外滩交汇口。该项目是整合了建筑和室内的一体化设计。建筑由前后两幢楼组成，共计一万余平方米。原建筑是办公空间，改建后的酒店主要功能分为底层门厅、二层大堂、咖啡厅酒吧、餐厅、健身及各类客房110套。特殊的地理位置决定着精品酒店的总体设计方向，设计追求东西方文化的共生，进行意象设计，将岁月回味与主观意象相结合，产生时空交错的舞台戏剧感，通过空间的再创造，来诠释上海特有的城市气息。

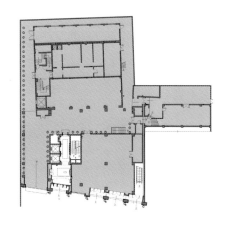

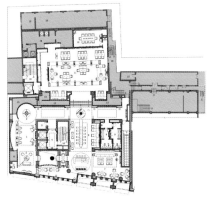

左1：酒店夜景

右1：过道

右2、右3：空间局部

左1、左2: 空间具有时空交错的舞台戏剧感

左3：餐厅

右1、右2：客房

锦江之星合集
锦江之星上海盘古路店

设计单位：HYID上海泓叶室内设计

设　　计：叶铮

参与设计：熊锋（宜宾店）

面　　积：4000m²（盘古店）/6200m²（张衡店）/6800m²（宜宾店）/7400m²（九亭店）

主要材料：麦秸板、陶瓷、夹胶玻璃、皮革/科技木、铝合金、涂料、玻璃/石英壁布、黑色PE、陶瓷、大理石/渐变玻璃、铝合金、陶瓷地砖、地中海特殊涂料、线帘、皮革

坐落地点：上海盘古路/上海张江高科技园区张衡路/四川省宜宾市/上海九亭

空间用材简朴，通过简单的色块组合和形体拼接，组建出了一个理性优雅而富有诗意的空间环境。充满自然气息的麦秸板衬以柔和的灯光，散发出朴素的空间意境，软质的皮革家具配以冷硬的大理石和具有现代气息的玻璃，传达出颇具现代特征的简约优雅，抽象的陈设品和界面装置设计传递神秘的氛围。以大面积的灰调为背景，通过简约的线条、块面和形体的变化组合方式，构造出一个理性秩序而层次丰富的室内空间。光与色的交融，形与神的对话，简朴中见丰富，平直中见层次，流露出静谧的空间诗意。设计师用寥寥数笔勾勒出了一个饱满的空间构图，宛如中国画里的留白艺术，营造出无声胜有声的空间意境，诗意的栖居。

左1：抽象的陈设品

右1、右2、右3、右4：充满自然气息的麦秸板衬以柔和的灯光

锦江4S上海张衡路店

空间造型语言平直而简朴，用线框、块面的组合方式构建出空间的虚实和层次，空间内部虚实相间，明暗有序，刚柔并济，层次分明，具有极强的流动性和通透感。简约的不锈钢黑灰色边框衬以白色渐变式的玻璃，形成空间虚隔断，玻璃底部渐变的白犹如清晨湖面泛起的雾花，朦胧而神秘，纯净而清幽。墙面大幅的抽象装饰画更迎合了这种空间氛围，赋予空间以诗意的禅性和空灵的悠远感，具有东方意境与时尚理性。空间色调淡雅而素朴，在家具和陈设品的选择上极具现代东方的特色，简约而精致，用现代的材质传东方之韵，表达出现代东方的浪漫情怀。灯光的塑造同样也是空间不可或缺的部分，垂泻的光晕赋予空间柔和的色彩和优雅的情调，幽暗处的留白和明朗处的细腻，相互交融，东方之美氤氲其间。

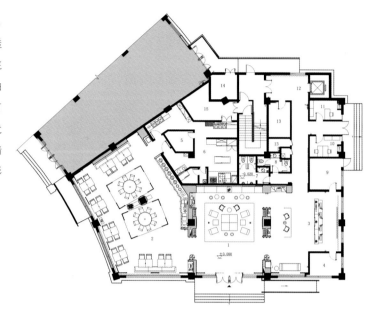

左1、左2：垂泻的灯光赋予空间柔和的色彩
右1：空间内部具有极强的流动性和通透感
右2、右4：简约不锈钢黑灰色边框衬以白色渐变式玻璃
右3：家具简约而精致

锦江之星宜宾市店

块块层板层层叠而下，晕染的光线从层板的缝隙间流溢而出，形成条状的光带，强化了空间的层叠效果。暖黄的泛光打落在米白的层板上，柔和而有层次，无形中淡化了平直的线条感，赋予空间以理性的优雅，形成空间的主题界面造型语言。米白的层板配以黑色的边框，搭以大理石的冷静和玻璃的通透，融以沙发的素雅和柔软，在光与色的交融和线条的层次变化中透露出简约优雅的现代气息，使空间显得简洁而清爽，温和而宁静，优雅而浪漫。尤其是墙面大幅抽象装饰画的融入，为空间增添了艺术感，在层层光晕的影响下散发着一丝神秘的气息和悠远感，雅趣丛生。

左1：墙面是大幅抽象装饰画
右1、右2、右3：光线从层板的缝隙中流溢而出

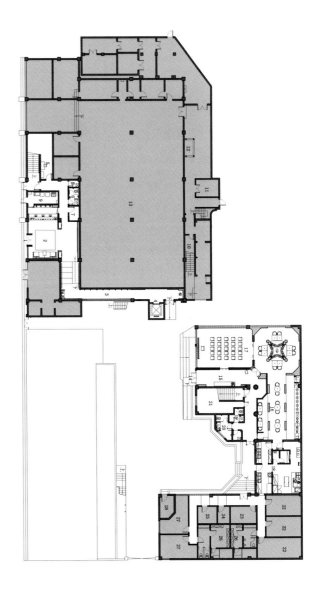

锦江之星上海九亭沪松公路店

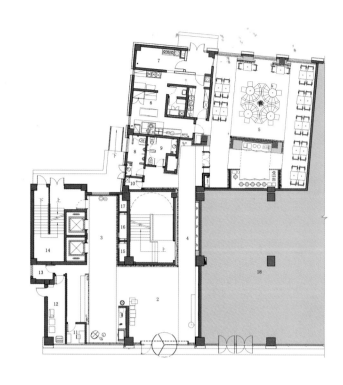

设计师通过将深灰色宽窄各异的垂直线不等距排列，形成富有层次的界面排线，并与其后的透光玻璃形成一明一暗，一虚一实，一整一散的层次对比，在这一退一进的关系变化中拉伸空间的视觉线。成排铝合金装饰条与透光玻璃组合而成的界面装饰，搭配上富有沙粒感的地中海特殊涂料与具有自然气息的木饰面板，在灯光的渲染和陈设品的陪衬之下，于无声中诠释了"东方性"的设计概念。现代之美，东方之韵，形魂相融，粗糙中备感细腻，简朴中暗生雅致，幽暗中丛生宁静，清淡平和，赋予空间以诗意的禅性和理性的优雅。整体空间在光、色、形、材质的相互包容下，东方之美，写意其间。

左1：大堂
右1、右2、右3：不等距排列的垂直线形成富有层次的界面排线

左1：餐厅
左2：明暗和虚实的对比
右1：电梯厅

千岛湖云水·格精品酒店

设计单位：唯想建筑设计（上海）有限公司

设　　计：李想

参与设计：范晨、刘欢、童妮娜、郑敏平

面　　积：3300 m²

主要材料：木纹砖、实木、竹子

坐落地点：杭州千岛湖

完工时间：2015.01

摄　　影：胡义杰

扁舟浮湖畔，有风便摇曳，石子傍树裙，依偎如初恋。需要一个无华的场景，上演一场温柔的邂逅，在空气里呼吸如缠绵，像涟漪般，无可意会。

右1、右2：扁舟静浮尘世之中

千岛湖，一个万千好山守护一方好水的地方。甲方迷恋上这片天地，所以这个项目的载体建筑，由德国 GMP 公司设计的 12 栋 soho 型别墅在两年前就已完工，但是抱着珍惜这片山水的态度，没有轻易招商。2014 年年初在多重考虑下，甲方决定把这里做成由自己管理的精品度假型酒店，就此开始了我与它的缘分。

酒店 12 栋建筑的设计风格秉持着 GMP 公司的一贯德式路线，干净、简洁、干练，每栋建筑分为两层，半遮半掩稳稳坐在半山腰，遥望一方水天，既和谐又独立。不谈论这酒店该拥有什么风格，只幻想它将入眼那一刻的感受，外界的这片山水无法定义它的优雅与雄壮，只能把我看到和感觉到的，化成缩影融入在空间内，如同这个空间是个画板，我则是个画家，把我看到的画进画框。

建筑风格现代、简单、干练，结合甲方要求的速度快这一前提，我便提出硬装一切从简的做法。所以画布与舞台就从这纯白干净的基底开始，地上的白色地板与墙面的简单白色粉饰将直白衬托出后，要在这里上演一场室内外的对话，一幅臆想出的山水，一出没有言语的戏剧。

设计的重点逻辑在于表达每一组家具的形式及每一个细节的表达，家具即是这出戏的主角。在大堂里用实木雕琢出两叶舟，其一用支架的方式悬空在空间里，漂浮在空气里，像水已经充盈了这里。船桨被艺化成了屏风与摆件，配以如荷花一般挺立的"飘浮椅"，再用当地盛产的细竹编制成的网格作为吊顶，透过灯光把竹影洒向白色的墙面，如此来表达扁舟浮水面的意境。在餐厅枯树镶嵌在桌子上面，结合光影的互动，一幅山林便如此生成。

每一间客房都以一颗石子触碰水面那一刹那的波动作为沙发的形式出现，涟漪一般的撒出几轮优雅的弧线，便成就了空间里水的动态与静态。我们寻找出一棵树、一支藤、一颗石子、一个鱼篓，经过精细地加工，小心翼翼地放置它们的位置，就像本该出现的出现，填补出整个构图中的主次角色。整个设计的材料均以木与竹为主，以此表达亲近生态的质感。配以纯白色的主色调，不仅凸显了木质的宁静，也有简练的当代时尚气息。

静即是动，动即是静，表现动态的线条与静止的事物互相蔓延，古朴的质感与精致的雕琢相互碾碎，原生的纹理与人工粉饰的光洁感共存，就此导画出一部设计师幻想中的山水大戏。

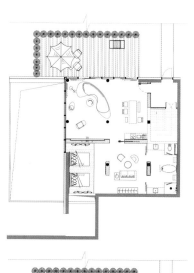

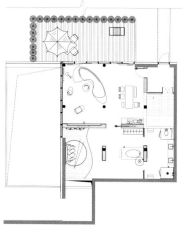

155

左1：编织成的网格吊顶

左2：一丝涟漪让你栖息

右1：惬意的客房

右2：一边躺在床上一边躺在水里

杭州西溪花间堂渡假酒店

设计单位：法国纳索建筑设计事务所
设　　计：方钦正
参与设计：王智君、王笑笑、魏婕、窦娅芹
面　　积：6000 m²
主要材料：混凝土、松木、玻璃
坐落地点：杭州余杭区天目山路五常大道西溪湿地龙舌嘴入口
摄　　影：申强

花间堂杭州酒店的选址位于原生态景区西溪湿地内，西溪有着未经雕琢，野味十足且独特的湿地风貌。

在建筑的形式上，我们尽量低调处理。景观与建筑的关系是"湿地里的屋子"，而不是"建筑配套的湿地"。我们将一至二层的小房子规划成五片分布在园区内，有接待、餐厅、客房、SPA、别墅等，各自散落，但又有栈道连接，整个酒店更像是一个湿地中的小村落。为了让住客也能充分地融入湿地，零距离体验自然的趣味，我们尽可能采用开放式的设计格局。不论是建筑外还是建筑内，几乎所有的走道连廊都是开放的，精心规划的动线穿梭在杂乱野生的植被中。

利用坡顶小屋的建筑格局，创造了将近十余种房型的客房。形式多样，有平层、错层、跃层，还有两层的8人通铺。通透的室内设计，令户外的绿意能最大限度地传递到房间内，让住客在舒服的温室内惬意地欣赏野趣。

左1：入口处
右1：大堂
右2：明亮的室内空间

左1、右1、右2：形式多样的客房

宝柏精品酒店

设计单位：重庆市海纳装饰设计工程有限公司
设　　计：白荣果
参与设计：张勇、王志杰
软装陈设：张翔翅、王秀娟
面　　积：2200 m²
主要材料：奥斯灰石材、老榆木、亚麻、做旧橡木
坐落地点：重庆大坪龙湖·时代天街
摄　　影：张麒麟

虽身处繁华都市之中，却可游心于自然之中，感受自然的宁静悠远，回味过往的
快乐时光，了解城市的经典文化，宝柏精品酒店的设计创造出这些可能性。酒店
位于重庆渝中半岛的核心商圈龙湖·时代天街，包含四种风格共 29 间客房，宝
柏轩茶餐厅和一个小型会议室。酒店的室内设计定位为"都市自然主义"的风格，
以"自然、经典、文艺"为核心目标，全方位打造有重庆文化印迹的精品酒店。
从空间结构、语言提炼、材质色调、灯光机电、平面导示等硬件设计到经营方式、
文化植入等软件设计方面，均进行了整体的设计考量，为中小型精品酒店书写了
崭新的定义。

设计团队首先大刀阔斧地对空间结构进行了合理化改造，为满足建筑结构及消防
规范的要求，拆除、加层、结构计算，把一个 5 米 8 层高的空间分割成了两层空间。
在酒店门厅和通道端头保留了两层高的空间，既让重点空间开敞大气，同时竖向
上的联系又富有趣味性。5.8 米高、3.6 米宽的跨层空间作为前厅，其窄而高的空
间特征符合重庆类似峡谷特征的街景，两侧的主墙面一侧以黑钢加灰镜为主，取
材于现代重庆高楼大厦的立面，另一侧老木拼板立面则是从老重庆的吊脚楼民居
墙板中提炼出来的分割组合方式，木墙板映在灰镜中，新与旧在空间中对抗和交
融。在室内设计的形式语言上并不想有特别明显的风格倾向，只强调点线面的现
代构成关系，强调比例的优雅舒展。

酒店以黄灰色搭配为主调，在不同的空间中辅以少量的绿、黄、蓝、红色，让色
系既统一又有延展性，通过局部高纯度色彩的搭配让空间氛围既符合各自的文化
主题，撞色的效果又让整体风格现代时尚起来。在酒店的文脉体现上，除了前厅
来源与重庆新旧街景的构思，重庆地域文化中的山、水、城、人这四个主题被演
绎进客房的四种主力房型，分别对应黄绿、黄蓝、黄灰、黄红四种色调。在创造
自然舒适的入住感受时，文化主题也成为让人回味的一个亮点。

左1：入口
右1：把原建筑分割成了两层空间
右2：楼梯

左1：黄灰色搭配为主调

左2：长长的过道

左3：餐厅

右1：从重庆吊脚楼民居中提取出来的老木拼板立面

左1：空间局部

左2、右1：舒适客房

右2：局部高纯度的色彩搭配让整体风格时尚起来

束河无白酒店

SHUHE WOOBAY HOTEL

设计单位：尚壹扬装饰设计有限公司
设　　计：谢柯
坐落地点：丽江束河古镇中心地带

束河无白酒店位于束河古镇中心地带，距离束河古镇地标性建筑老四方街、青龙桥仅有 3 分钟路程。酒店是一家设计型度假酒店，聘请了国内知名设计师及其团队倾力打造。设计师选用大量自然木材作为基本的建筑材料，在设计风格上，极大限度地将酒店与古镇的自然山色融为一体。

酒店宽大的玻璃窗和玻璃门，让个房间显得通透、敞亮，让束河的阳光毫不吝啬地照进房间和露台。酒店床品高档舒适，一流质地的家具陈设烘托出温馨而富有品位的氛围。

值得称道的是酒店每一个房间都拥有一个看风景的阳台，满足了游客对休闲度假的无限遐想。GLASS HOUSE 是客人的早餐区域，准备了丰富的中西式早餐。

酒店充分强调私密性的风格及亲和、细致的服务。无白酒店的整体设计风格将乡村的宁静淳朴与都市的现代化生活融合在一起，一点一滴，以人为本。

左1：酒店入口
右1：阳台
右2、右3：上等质地的家具陈设
右4：毫不吝啬的束河阳光

左1：空间局部
左2：窗外的风景
右1、右2、右3：客房

乐山禅驿精品主题酒店

设计单位：弗尔思肯（美国）室内设计机构
设　　计：蒋涛
面　　积：5800 m²
主要材料：灰毛大理石、水泥砖、水曲实木板、亚麻布、亚麻墙纸
坐落地点：四川乐山大佛景区
摄　　影：王牧之

有一种旅行，是为了给被物欲五花大绑的身心寻一间精神的别墅，是为了找到迷失的真我。有一种酒店，虽不豪华，却以人文见长，充满哲理禅机，让你在空灵状态中放牧身心，寻回真我。乐山大佛景区嘉定坊的禅驿度假酒店，便是个中翘楚。这里既是四海游客通往凌云禅院拜佛祈福的驿站，也是禅文化停留驻扎的地方，更是身心的归宿。它位于岷江东岸，大佛之北，是拜佛祈福的第一站。游客们需要在这里完成拜佛祈福第一仪式——净心静虑，接受心灵的禅意洗礼。酒店的禅意首先体现在酒店名称、楼层名称、房间名称上。分为"行深"、"静虑"两大院子。行深，是佛家术语之一，是说要想到达禅意空灵与智慧的豁达境界，需要在生活中去实践，去身体力行，去感受和证悟；静虑，是禅意体验和修行到达深层次的结果。两个院子的房间，分为"舒心"、"净心"、"澄心"、"渡心"四个类别，禅意修行等级由浅入深。开始的开始，只是心情舒适；最后的最后，体悟到禅意最深处，方能渡化心灵。

信步漫行于酒店周围，但见绿树红花，小桥流水，亭台楼阁，曲径通幽，不经意间就彰显出了古色古香的人文气质。深呼吸一口，这岷江河畔微凉的风，蘸着花木微醺的甜香气息，翻阅川西古建筑院落透露出的汉唐遗韵，细细体味那由清水、游鱼、莲荷、顽石、曲径等元素组成的佛禅意境。不远处的古戏台，每个月都会上演精彩的歌舞剧。而台下的每个人都是生活的主演，每天都在演绎红尘现世中的七情六欲。夜幕拉启，华灯初上，星光渐亮。钢筋丛林，灯红酒绿，很久没能像今晚这样心无杂念地仰望这般纯净的星空。

回到酒店，坐在日式禅意园林的木台上，什么也不用想，只愿静坐片刻。这时候听见酒店为我举办的动植物专场音乐会，蟋蟀的单弦古他，弹起少年时的心事；青蛙的钢琴独奏，撩起一段如风的往事；间或的鸟鸣，是天与地的促膝交谈；岷江的涛声，是水与岸的窃窃私语。聆听天籁，不知不觉间，接通了天上的星光和园林的灯光，进入天人合一的禅意妙境。进了房间，盘腿坐在飘窗台的蒲团上，沏一壶茶，把一段清清朗朗的静好时光，融入到禅茶一味的意境之中。窗外，花团锦簇，莲叶田田，一花一世界，一叶一菩提。心若净静，禅意自来，任窗外红色灯笼随风晃动，我已是静如止水。

　色香味俱全的精美素食，是禅意文化的另一体现，无论早餐还是正餐，都能品尝到来自新都宝光寺素食师傅浸淫近十年的素食工艺大餐。禅意与美学在酒店邂逅，宁静与愉悦在心底交融。旅途的困顿，工作的劳累，被甜甜梦乡轻轻拂去。

左1：鱼儿仿佛在天空游泳
右1：大堂

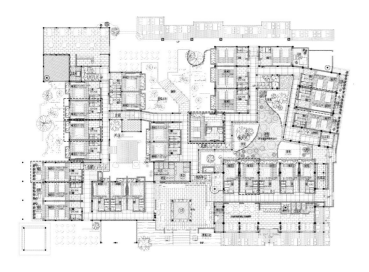

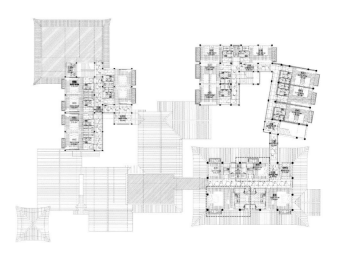

左1、左3：佛禅意境

左2：别有洞天

右1、右2：客房

JOINT MANUFACTURING
BEAUTY

青岛涵碧楼

设计单位：KHA
联合设计单位：無
设　　计：Kerry Hill
参与设计：Angelo Kriziotis、Alicia Worthington、Benjamin Smestad
面　　积：145000 m²
坐落地点：青岛市
完工时间：2014.10

我们做的案子不只是从外面看起来是一个建筑师作品的里程碑，同时也希望客人身处在这个环境里面，摸得到、看得到、感受得到我们的设计。

自然的景观、建筑，其实都是人在建筑里面游走时候的一个个介质而已，所以最重要的出发点还是在于人，室内的尺度对设计来讲是非常的重要。设计师一贯的手法是非常的干净，所使用的材料也非常简单，实际上就是在塑造一个空间感。

在文化部分，我们希望取材的文化都来自于当地，在青岛这个坐落点，锁定的文化底蕴是齐鲁文化这个时代。在规划方向上，因为要采用一些现代的手法跟技术，所以会跟文化做一些组合，再做一些拆解，来去阐述属于这个文化部分的解读。从一楼到五楼的整个脉络有一个时间性的脉络顺序来展开。

如果说白天的涵碧楼给人带来的是一片宁静的桃源，那么夜晚的涵碧楼则是无限的魅力与惊艳了。白天的涵碧楼让人驻足，而夜晚则真正让人体会到"孔子不走了"的魅力。

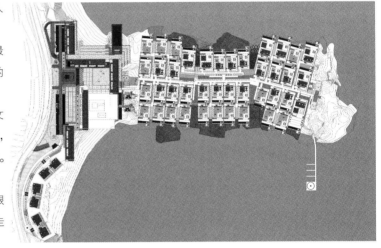

左1：酒店全景
右1：前台
右2：干净简洁的空间

左1：黑陶立体山水画

左2、左3：餐厅

右1：室内温泉

右2：明亮的客房

上海卓美亚喜玛拉雅酒店后续设计

设计单位：上海同育建筑设计有限公司/海善祥建筑设计有限公司
设　　计：王善祥、赵辉
参与设计：袁振刚、施靓、龚双艳、李哲、张玺梁
面　　积：4700 m²
坐落地点：上海浦东新区路芳甸路

本项目为上海卓美亚喜玛拉雅酒店的后续设计部分，项目由上海证大集团投资开发，酒店由迪拜卓美亚集团管理，建筑由国际建筑大师矶崎新设计。室内由设计迪拜帆船酒店的英国KCA事务所操刀，为折衷主义的新中式风格，整体奢侈华丽。此次设计主要是酒店大堂的改造、SPA部分以及顶层收藏家俱乐部，另外作为对建筑的完善，还有一些景观亭、入口水景等的补充设计。

位于酒店一层的大堂被业主投资方证大集团作为喜玛拉雅项目的会客厅，在接近完工时对原设计效果有所不满，认为不能深入表达中国文化内涵，因此不惜将已投资四百多万元的装修大部分拆除并另行设计施工。业主希望大堂有着当代中国的意趣，且能达到一定的高境界，即常说的"意境"。设计师首先对大堂最重要的部分超大LED天顶屏幕的演示内容进行改造，将图像改为暗底色的竹影、月亮、彩蝶等传统中国画中常用的题材，由视频艺术家将其制作为很慢速度变化的影像，使整个大堂充满了幽暗的迷幻色彩，成为了空间中"动"的点睛之笔。大堂中心安置了一个业主收藏的清代亭子木构架，立在中庭的水池中央，与平台一起被作为戏台，经常有小型演出，可静可动。十几米高的四壁采用了唐代书法巨匠怀素的草书千字文作为"静"的主元素。

酒店最初没有设置，后来划出了部分空间作为SPA。房间不多也不大，但是设计在融入酒店整体风格的基础上适当增加了一些中国传统元素，使其本土味道更为浓烈。该区域入口部分连接了建筑中"高大上"的内庭院，使客人在此感受到大

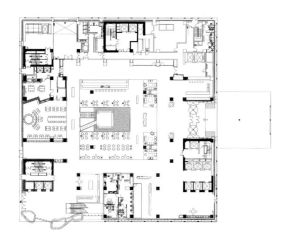

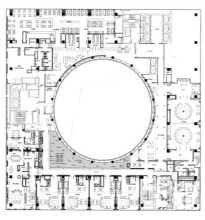

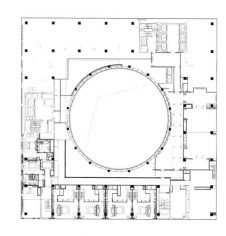

师设计的空间震撼力。

顶层收藏家俱乐部是业主投资方非常注重的内容，由于本大厦中有证大喜玛拉雅美术馆及其运营的艺术机构，高端艺术品交流是必不可少的项目。此区域又分为两个部分，一部分是交流区，有多功能厅、展示艺廊、佛堂和户外平台等，可以进行艺术交流、会议论坛、拍卖等活动，另一部分为高端特色客房。设计师利用一侧墙面给艺术品留下陈设空间，另一侧则相对应的留白。处于顶层入口区的艺术廊被设计成有着传统园林中回廊的格局，顶部采用了光纤，似点点繁星，有着户外感觉。客房区设计了副总统套房和行政复式客房，连接客房的走廊则有着传统江南村落街巷的影子。

设计师充分用足每一寸空间，营造出了空间的流畅与趣味，借鉴、参考了一些传统设计的本土要素并赋予了其当代性。最终施工完成后，业主所希望的通过空间来承载艺术的愿望也得到了满足，使整个设计达到了当初所要表现的韵味灵动而不失大气沉稳。空间是艺术的容器，艺术是空间的灵魂。

左1：酒店入口
右1：礼品店
右2：西点店
右3：清代建筑木构被作为戏台

183

左1：spa入口长廊
左2、左3：spa房间
右1：过廊
右2：多功能厅
右3：收藏家俱乐部前厅

左1：室内却有着室外般的感觉
左2：多功能厅前厅
右1：独特的复式行政套房
右2：副总统套房

宜兴万达艾美酒店

设计单位：厚夫设计顾问有限公司
设　　计：陈厚夫
参与设计：陈蕊、李金池
面　　积：45000 m²
主要材料：木纹洞石、意大利黑金花、影木饰面、有影沙比利木饰面、不锈钢、灰砖雕
坐落地点：江苏宜兴

宜兴万达艾美酒店项目地处江苏省宜兴，东濒太湖，乃物华天宝之地。室内设计的理念则是在宜兴的地域文化特点中去寻求统一和协调，融合本土文化。文化的汲取来源于"陶的古都、洞天世界、茶的绿洲、竹的海洋"，陶、洞、茶、竹都是设计的基础元素，营造的是一个能感受温暖大气又不失奢华的酒店空间。

宜兴万达艾美酒店公共区有一至五层，整体设计力求空间的氛围感受，通过纵向的装饰手法营造出奢华大气。一层主要空间为大堂、大堂吧、全日餐厅、精品店等，尽量追求立面的对称性，通过几个中轴关系将大堂分成几个大的面的组合形式，米色石材搭配局部黑色石材立柱的造型，在色彩关系上层次分明。服务台主背景的灰色砖雕与丝绸硬包铺装，结合宜兴竹海元素提取的竹叶艺术品挂饰，营造出视觉聚焦点。全日餐的入口形式也是别出心裁，通过斜面的不规则木条打造出立体感的门洞。自助餐台上方油烟罩玻璃整面采用丝印游鱼图案，贯穿整个餐厅，体现江南鱼米之乡鱼水灵动的就餐感受。

酒店二层主要为会议区，能满足各种规模的会议活动。设计上为了营造出安静的会议区感受，色彩运用了弱对比的米色系来打造舒适的空间感受。

酒店三层为大宴会厅、贵宾会见厅、新娘房等。宴会厅奢华尊贵，点缀金色石材和金色皮革，融合金色屏风，呈现高贵的气质。地毯花纹运用了富有宜兴特色的纹样来贯穿整个空间，同时结合现代大幅 LED 液晶显示屏作为主背景墙，为整个空间的效果和功能锦上添花。

酒店四层空间为泳池、健身房、美容美发区等康体空间，更注重客户的使用和体验感，材质上同样运用了米色石材及浅色木饰面，清雅的造型给客户温馨的休闲运动体验。

酒店五层为中餐大厅和包房等餐饮空间，设计具有宜兴特色。运用了深浅两种木饰面，辅以梅兰竹菊为餐厅主题，竹子纹样的玻璃屏风呼应宜兴著名的竹海元素。

酒店客房层为六至十九层，客房总数量为 280 间，能满足不同需求的客人选择。几种浅色墙纸及浅色木饰面的结合，营造出安静不热闹的空间氛围。富有当地特色的艺术品摆放，让客房的温馨感受和舒适性得到了最大限度的延伸。

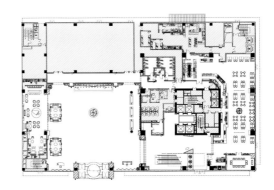

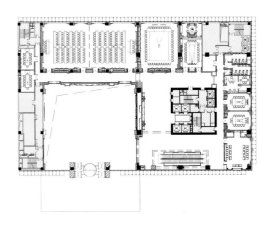

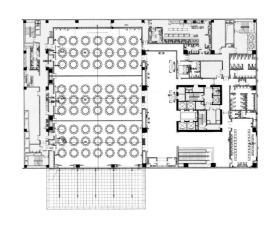

右1：服务台的灰色砖雕与丝绸硬包营造出视觉焦点
右2：墙上独特的山水装饰画

左1、右2：地毯花纹选用了富有特色的宜兴图案

左2、右1：包间

右3：室内泳池

昆明万达文化酒店艺术品项目

设计单位：深圳市大木艺术设计有限公司
设　　计：洪亚妮
参与设计：贺俊杰、黄欣
面　　积：44600 m²
主要材料：石材、木饰面、玻璃、皮革
坐落地点：昆明西山区万达广场
完工时间：2014.10
摄　　影：张恒

昆明万达文化酒店，坐落于昆明市西山区前兴路金融产业园区。酒店共有23层（地面20层，地下3层），总建筑面积4.46万平方米（其中地上面积3.81万平方米，地下面积0.65万平方米）。

酒店拥有面积达1300平方米的无柱式大宴会厅，采用极具当地人文特色的设计风格，大量选取了昆明市花"山茶花"及当地元素，三组大气精致的山茶花造型水晶吊灯璀璨夺目。宴会厅大门和地毯等各种细节体现出少数民族图腾文化的气息，给游走于酒店的每位宾客带来了全新的视觉体验。

电梯厅门图案及灯具均采用中国古时"如意"的概念，电梯端景墙面以少数民族银饰点缀其间，端景台选用中式漆柜，摆置艺术品为当地傣族的民族乐器。传统文化与民族文明相互融合，相得益彰，和谐统一的色调尽显奢华。

大堂吧墙面艺术品延续酒店外观山茶花元素，加以演变后的流动线条行云流水，蜿蜒起伏，趣味多变，线条上装嵌的金属山茶花精致灵动，仿佛能闻到那阵阵香气。

左1、右1、右2、右3: 装饰品等细节体现出少数名族图腾文化的气息
右4: 墙面艺术品延续山茶花元素

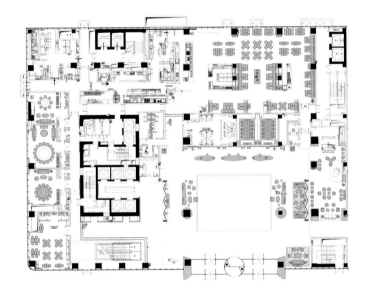

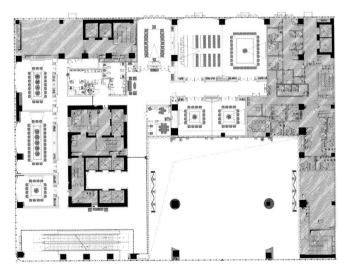

左1、左4：空间一角
左2、左3：原创绣画加上金属山茶花
右1、右2、右3、右4：精致而富有传统特色的饰品

桔子水晶酒店

设计单位：南京名谷设计机构
设　　计：潘冉
软装设计：蜜麒麟陈设组
面　　积：570 m²
主要材料：铝板、钢琴漆、雅士白石材
坐落地点：南京市河西大街
完工时间：2015.06

桔子水晶酒店的大堂是整个酒店项目中花费了最多心力、最后完成的部分。大堂的基础条件优越，拥有非常漂亮舒展的沿街界面、大面积的有效采光以及精美的花池景观。入口不远处，清澈的水系缓缓流淌，岸边生满芦苇花，夏季夜晚伴着点点萤火，诗一般浪漫。

左1：芦苇灯细部
右1：入住登记处
右2：入口门廊
右3：等候体验区

从建筑空间尺度整体上考量，大堂的进深稍显欠缺，而进深短浅导致建筑内部与外界的关系必须非常谨慎地处理。设计师选择淡化内与外的界限，将自然界的元素采摘洗练，力求将空间保持在一种既开放又闭合的平衡状态。走过室外的芦苇丛，路过等待区高大的桔子树，走过总台背景上翩翩飞舞的蝴蝶，一直到垂直交通厅的萤火再现，设计师用空间介面的层层叠加与反复咏唱为我们打造出一个定格的田园映像。为了使交通通而不畅，更有趣味感，又在门廊处稍微设置了一个小"障碍"，双重门廊组织人流从两侧绕行后汇聚在景观的中轴线上，颇有种中式影壁的风味，拉长了空间体验路径的同时在保温节能等方面也起着积极的作用。作为酒店类建筑空间，除了本身常规的住宿餐饮等传统功能，可不可以同时作为心灵休憩的场所为疲惫的旅人提供一个可以无事停留的地方，在尊重个人隐私的同时在公共空间内塑造一个可以让人们围城一圈的"大客厅"？设计师认为有人情味的建筑，当是建筑原本应有的姿态。你有过在图书馆中办理入住手续的经历么？爱书之人定会欣喜若狂。等待的过程不再枯燥乏味，可以去桔子树下荡荡秋千，可以从墙面的书架上拿几本感兴趣的读物随手翻翻，或者选择对面的吧台，窝在沙发里听听音乐聊聊天。此时，大堂不仅保留了原本的使用功能，同时也成为了一个有温度的客厅。到了晚间，随着灯光、声响和主题的变换处理，它又可能变化成一个艺术音乐等活动的小型空间，某种意义上说用"文化沙龙"来定义可能相对更加准确。

在现代设计中，艺术与建筑的界限变得越来越模糊，室内空间设计由于具有相对灵活性，更具备将建筑艺术化的条件。设计师从几何学进行思考，将现实的藩篱形象化，将固有形态切割分解，利用形象的渐变、疏密的渐变配合思维的延续，以及虚实渐变的手法打开空间延展性。随之形成了层层叠叠抽象的桔子树与品牌概念相呼应，叠加的元素向着上空延展，但水平方向仍然保持着流动感。严谨的空间构成配合巧妙的灯光处理、艺术家原创的雕塑、素描画作的植入，形成了一个由多种艺术手段共同打造的作品，并再次返回到现实中在入境者的体验中逐渐成型。材料上使用了穿孔铝板和清澈透明的钢琴漆面，有冷暖平衡的环境色彩和

星点成片的空间照明。态度温柔冷静的环境透彻人心。空间的叙事性得到了凸显，建筑似乎退到了艺术的背后，仿佛每一个灵魂的悸动是真正自主的。有入境者觉得那一串串灯光像极了小时候山林中的萤火，而桔子树则使人回忆起婆婆院里的柿子树以及她抚摸面庞时略带皱纹的温度。雨季缠绵，等到天空放晴，也许又是另外一种体验了吧。

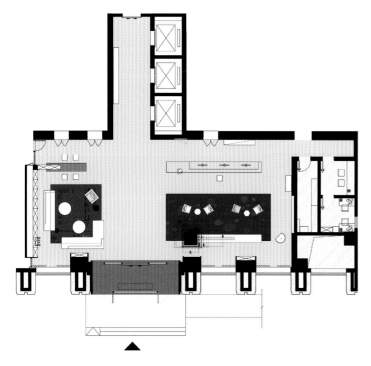

左1：等候体验区
左2：电梯厅
左3、右1：阅读体验区

花迹酒店

设计单位：西安电子科技大学

设　　计：余平

参与设计：马喆、逯捷、蒲仪军

面　　积：1300 m²

主要材料：砖、桐木、水泥

坐落地点：南京市秦淮区老门东

完工时间：2015.06

摄　　影：贾方

"花迹"位于南京老门东历史街区，由遗留的明清古院和民国院落合并而成，建筑面积1300平方米。对历史院落的保护；对建筑受损部位的修复与修整；对历史建筑墙体上遗存的岁月痕迹做重点保留，并作为最终环境的质感。是本案对"踪迹美学"的诠释。

"花迹"有五个花园，将其修缮，不做多余的主观设计，重在植花养草，让花草融入院落地面青砖之中，并成为踪迹生长的一部分。

解决室内采光、通风是室内设计的重点。让每一间客房拥有良好的开窗和对流关系，消除每一个采光死角空间。

在尊重原建筑的前提下，所添入的材料（旧砖、旧木、水泥砂灰）等均为可呼吸的材料。对物料不做过度处理，保留其本真的亲和力；减去不必要的装饰语言，不吊顶，不要踢脚线，去掉门套、窗套，消防栓直露等探索实践。用行动向"低碳"生活迈进一步。

左1：酒店入口
右1、右2：院落
右3：酒店大堂

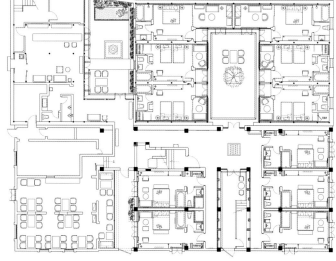

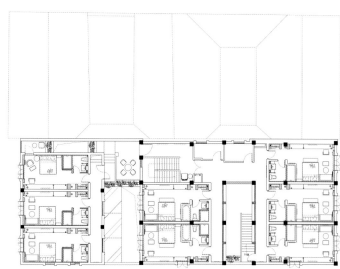

烟台开发区城市展示中心

设计单位：上海风语筑展览有限公司
设　　计：李晖
主要材料：烤漆玻璃、木丝水泥板、拉丝不锈钢、彩铝百叶、纤维吸音板
坐落地点：烟台开发区
完工时间：2014.12
摄　　影：王肃亮

规划馆是城市最具人文关怀的标志符号，是表达城市理想的重要窗口。烟台开发区是一座千年之城，牟子国传奇蜚声齐鲁，甲骨文在这里续写华夏历史；这是一座百年之城，是中国较早对外开放的城市。烟台开发区城市展示中心地处万米金沙滩，既是独立的地标性建筑，又是广场的重要组成部分和核心。展示中心是现代主义与地域特性的完美融合，建筑以"礁石"为设计理念，分东、西两部分，中间以连廊相通形成南北视觉通廊，与规划中的人工岛遥相呼应，实现城市、广场、大海、岛屿的有机沟通。建筑外墙采取层叠的处理手法，象征海水冲刷形成的城市印记。"礁石"造型与地处海滨的特点相贴切，与开发区整体建筑风格实现了较好衔接。装修风格现代简约大气，达到了内外融合的效果。

展示中心总建筑面积2万平方米，布展面积约1.2万平方米，以城市化和城市现代化为主线，以"蓝色海岸、靓丽新城"为展馆主题。展区共分四层，一层展示开发区的发展历程及综合成就，分别从新区崛起、千年记忆、百年探索、城市化之路等方面进行阐释；二层为规划展区，展示开发区总体规划、重点区片规划等，整体描绘美好蓝图；三层为城市品牌展区，通过诗意栖居之城、生态绿色家园、浪漫度假海岸、智慧城市建设等，集中诠释城市品牌；四层集互动、会务、休闲为一体，特设互动拍照、互动采访、千帆渡书吧、会议接待区等。展示中心综合运用各种最新高科技手段，融知识性、科技性、趣味性、互动性于一体，从过去、现在和未来三个角度，对开发区城市化和城市现代化建设进行了集中诠释，使观众受到强烈震撼，坚定走向未来的信心。

布展设计风格为现代主义手法配合简欧风格，黑白灰是主色调，海洋元素适量穿插，整个展馆大气简洁，海洋气息浓厚，地域特色明显。序厅遵循原建筑特色，引自然光入馆，与序厅层层叠进的木纹石装饰交相辉映，象征海浪特色，动静结合，共同构成了阳光、简洁、大气的设计风格。充分考虑到互动对于展馆的作用，大量艺术互动装置的运用有效实现了人与人、人与物、人与展馆的互动影响。位于二楼北侧的长廊巧妙利用既有的物理空间，创造出一条具有魔幻色彩、仿真度高的海底隧道。根据廊道长度，创造性地将云岛与海岸的距离按照1:100的比例还原为26米，辅以廊道尽头的云岛展区，观者可以仿真探知海底海洋生物的多样性，感知海底压强的变化等。同时在二层和三层分别设置了独一无二的观海平台，将近在咫尺的滨海美景揽入馆内。四楼设置多样的互动装置和合理的互动语言，真正做到学术性、趣味性、教育性的有机统一。

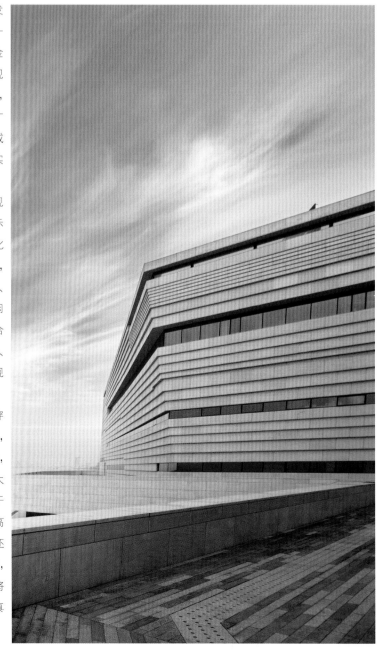

作为公共项目，设计师在布展过程中充分考虑到对各种人群的观展包容性，通过折叠与弯曲的表面引导人们进入展馆，布展与装修、虚拟与现实、灵动与静谧的界限都刻意模糊，让这座承载人们回忆与希冀的项目变得更加平易近人，充满人性的关怀。

左1：建筑与海景完美相融
右1：错落交叠的木纹石装饰元素

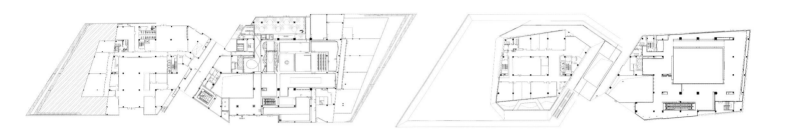

左1：不规则的艺术集群吊灯

左2：简约通透的休息阅读区

左3：素色模型结合多维投影带来淡雅的视觉感

左4：重点企业及其产品的展示空间

左5：炫彩影院观影区

右1：超大L形数字地幕引入海洋元素

右2：互动海底隧道展区

LIBRARY SHENZHEN
LIBRARY

深圳图书馆·爱来吧

设计单位：深圳市本果建筑装饰设计有限公司

设　　计：兰敏华

面　　积：150 m²

坐落地点：深圳

摄　　影：朱远

位于深圳市民中心的深圳图书馆是深圳人民最爱去的地方之一，也是代表深圳接待中外来宾次数最多的地方之一。移动端的阅读已经进入了大部分人的生活，图书馆在四楼的扶手电梯入口处也开设了一个方便大家使用移动端的地方——爱来吧，同时该项目也是中国第一个电子书籍阅览区。作为一个公共展示空间，在设计过程中首先在意的是安全性和体验度。鬼马的蓝白色系与天马行空的造型在延续主体风格的同时，也突出了移动端的随意性和互动性。

怎样更好地解决功能合理性的同时去建构东方思想中的气质美学，这是我们想赋予这个空间的灵魂。从空间的次序、色彩搭配、空间尺度、材质的把握、光影变化中渗透道德经中"凿户牖以为室，当其无，有室之用，故有之以为利，无之以为用"的空间概念。我们希望这个办公空间，是与东方底蕴生活一脉相承的。作为人们生活中除了家之外最重要的活动空间，办公空间同样注重人的情感体验。意境是为东方之诗意美学，在这里行云流水般的空间意境传达出柔和亲近的情感。在潜移默化中，向每个在此工作的人传播东方美学，传承传统文化。

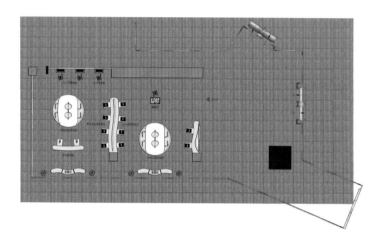

深圳图书馆·爱来吧

左1：爱来吧位于四楼扶手电梯入口处

右1：绿植点缀

左1、左2、左3：蓝白色系的搭配

右1：天马行空的造型

南京大学戊己庚楼改造项目

设　　　计：戚威
参与设计：甲骨文空间设计/戚威、蒲伟、方运平
设计顾问：张雷
面　　　积：2000m²
坐落地点：南京
摄　　　影：姚力

位于南京大学鼓楼校区的戊己庚楼建于20世纪30年代，为民国金陵大学建筑群的一部分，是国家重点文物保护单位。戊己庚楼的建筑形式以中国北方官式建筑为基调，卷棚式屋顶、筒瓦屋面、外墙为青砖清水墙；建造方式则采用了当时西方先进的钢筋混凝土框架结构，与砖木结构相结合。戊己庚楼作为南京大学最重要的历史建筑之一，历经百年沧桑，为南京大学的象征和历代南大学子们的永恒记忆。在金陵大学时期为内廊式学生宿舍，建国后简单装修为南京大学外文学院办公楼。新的使用功能要求其能够适应当代办公建筑对开敞式空间的需求，原有的空间模式已不再适用。

得益于在当时最先进的钢筋混凝土框架结构的建造技术，原有分割空间的隔墙为非承重的木隔墙。改造过程当中，部分木隔墙被拆除，形成开敞式办公空间。原有作为储藏空间的阁楼吊顶也被拆除，形成开敞式展览和会议空间。改造后的空间利用率得到提高，通风采光均有所改善。经过了百年的岁月，戊己庚楼几经更迭，每代人均对它适当装修，最近的一次装修在上世纪七八十年代，留下了那个年代鲜明的印记，如水磨石的地面、木楼梯扶手、木窗套等。为了保留年代的记忆，我们做到了以最少的设计操作去保留时间的痕迹，并发掘戊己庚楼本身的结构美学，使它们成为新空间的主要特质。

原建筑内的混凝土柱子、公共空间的水磨石地面、木窗套均维持其最原始的面貌，成为开敞空间的主要表达元素。清水砖墙、混凝土梁和露明的混凝土楼板仅赋薄层白色涂料，并保留原有肌理形成以白色基调为主的整体空间氛围。木窗套内再衬上黑色窗框的提拉窗，加强建筑的热工性能的同时，也强调了原有木质的老窗框，形成框景。

楼梯间保留水磨石地面以及木质栏杆，侧墙利用原有装修拆下的木条板，经打磨处理后二次利用，赋以薄层白色涂料，保留拼接留下的横向条纹肌理，通过透视效果指向尽头不施任何处理的清水老砖墙以及墙上的木质老窗。顶层阁楼拆除原有的吊顶，隐藏背后的木屋架结构经简单清洗裸露在外，通过巧妙的灯光设计，在四周木格栅与木纹色地面的映衬下呈现出视觉的震撼力。

保留的原有元素承载着时间的痕迹，通过设计的操作得以强化，以此融入新空间，成为新空间的焦点。现代建筑强调空间，而戊己庚楼作为古典建筑，完美的立面形式已成为南京大学的象征乃至南京的一张名片。改造在强调空间设计的同时，将戊己庚楼的时间特性融合其中，使其空间能够与古典的立面形式以对立统一的方式融汇于当代，散发出新的活力，并向外辐射自身的理念。

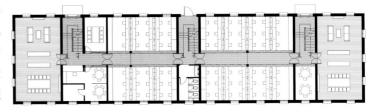

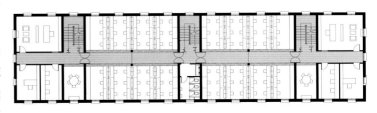

左1：楼梯

右1、右2：仅赋薄层白色涂料以保留原有肌理

右3、右4：开敞式的空间

南京万景园小教堂

设计单位：张雷联合建筑事务所

合作单位：南京大学建筑规划设计研究院有限公司

设　　计：张雷

参与设计：王莹、金鑫、曹永山、杭晓萌、黄龙辉

面　　积：200 m²

坐落地点：南京

摄　　影：姚力

完工时间：2014.07

南京万景园小教堂规模极小，功能简单，建造周期仅 45 天。在极端的现实条件约束下，建筑师以理性而大胆的设计操作，营造了富于宗教意向的理想形式，集古典空间构图和现代技术、材料于一体，从而获得了感人的场所力量。面积仅200 平方米的小教堂由南京金陵协和神学院的牧师主持，满足信众的聚会、婚礼等功能。钢木结构的小教堂具有平和的外形与充满神秘宗教力量的内部空间，质朴的材料和精致的构造逻辑，诠释了"对立统一"的建筑观。

小教堂独特的回廊空间自然地解决了有限规模中组织各功能部分的交通，更重要的是形成了主厅空间的双层外壳。内壳封闭，突出来自顶部和圣坛墙面裂缝的纯净天光效果，外壳是精密的 SPF 格栅，成为外部风景的过滤器和内部宗教场所体验开始的暗示。双层外壳的空间边界不同于传统石质教堂的"内向"，也不同于经典现代建筑的"外向"，带有独特的东方建筑空间趣味。小教堂具有一个完美的正方形平面。虽然内部空间和外部结构之间存在 45 度的转角，并且容纳了门厅、主厅、圣坛、告解室等必须的功能空间，仍保持了高度的完整性、对称性和向心性。设计师显然不满足于一个抽象、静态的方盒子，同时也不情愿为了形式的意图破坏空间的纯粹性，最终一个令人吃惊而极其简明的操作产生了——将平面中暗藏的对角线延伸到屋顶结构。这个操作被以同样的逻辑使用了两次：顶面南北向的对角线下移，底面东西向的对角线上移，二者形成的斜面在建筑高度的中间三分之一段重合。由此产生精致折板屋面，同样是空间、力、材料的高度统一。

"光"是教堂空间宗教情感表现的重要题材，仿佛是上帝的启示，光准确无误地从屋顶的窄缝中投向下方主厅座席中央，温和地从圣坛墙面的十字架后面溢出，不着痕迹地照亮木质屋顶精致的结构纹理。直射的日光只出现一种方式，来自主厅正中通向圣坛轴线上方的带形天窗。这条宽度 300 毫米光带的呈现，随着日夜和季节交替而变化，但无论何时都是决定内部空间氛围强有力的要素，其他自然光则小心翼翼地通过格栅柔和的渗入主厅封闭墙体上精心布置的开口。"轻"建造策略是在紧张工期和有限造价条件下的明智选择。脉络清晰的折板屋顶钢木结构，配合光这种"廉价"的素材，为动感和张力的空间赋予了丰富的表现力。内部的所有表面涂饰白色，把主角让给空间和光。外部所有的材料，木质格栅、沥青瓦屋面保持原色并等待时间的印记，把主角让给大自然。

这是一个新的属于环境的教堂，也是一个充满传统宗教意义和历史感的教堂，集古典空间构图和现代技术、材料巧妙利用于一体而获得场所的力量。建筑设计试图传达一种意愿，作为一个功能简单的日常宗教活动场所，这个小教堂的空间过于"理想"，无法解释为某种特定的宗派，或许建筑师之所以能为其展开有效的设计，是因为其"信奉了包容一切的自然"。

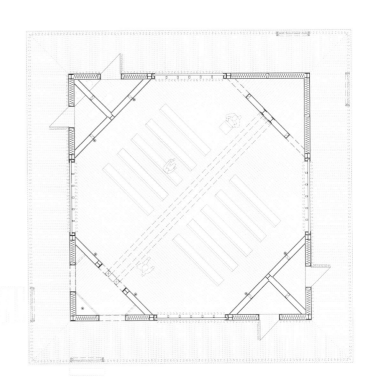

右1：沿湖透视

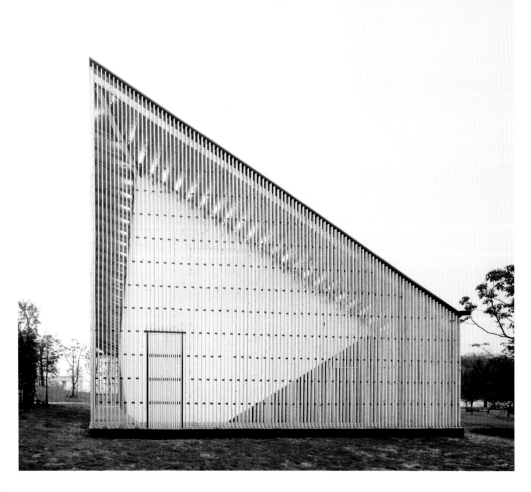

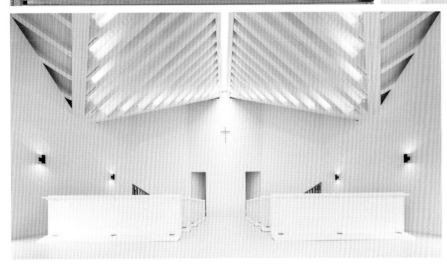

左1：入口夜景透视
左2：东北立面透视
右1：回廊
右2：木隔栅细部
右3、右4：大厅

钟书阁

ZHONGSHUGE
BOOKSTORE

设　　计：俞挺
参与设计：李想、赵晓玲
面　　积：625 m²
坐落地点：上海市松江区新北路900弄
摄　　影：胡义杰

在实体书店不景气的当下，钟书阁逆流而上试图创建最美书店而唤起对读书的美好回忆，伟大经典书籍的智慧精华直接呈现在立面上，它们就是一种宣言，表明钟书阁就是商业化小镇上骄傲的文化旗帜，书店位于上海新北路900弄充满英伦风情的泰晤士小镇内，位于街角。

一楼是书的迷宫。主要空间为一块完整的方形区域，将其划分成九宫格，亦为迷宫。格子间用深褐色木书架隔开，每个格子内部为一类书，九个格子之间以"门"即用一条确定的流线相连接，其他相邻格子间用"窗"相联系，读者取完书即可坐在"窗边"阅读。立面橱窗部分一面为入口和展示橱窗，一面为一个宽阔的"榻"，读者可约三五好友盘坐其上品读畅谈。格子顶部分别饰以九个女神的像，更是增添几分神圣的氛围。钟书阁是万丈红尘中一片宁静桃花源，不仅要唤醒新华书店的站读记忆，更要将书店和书房联系起来，让公共书店具有私人书房的自在和自由，九间书房组成了书籍的迷宫。首层展现的是让人或多或少有些熟悉的场景，不同的精致角落将生活经历和书的微妙关系小心翼翼地揭露出来，或将这些关系郑重其事地收藏起来。

二层是书的天堂和圣殿。主要空间为坡顶的高耸空间，再次采用书架作为隔断，围合出中心的图书"圣殿"。内部以镜面和白色为主，弧形书架将整个空间包裹，"圣殿"的顶面是镜面，书架后靠板亦是镜面，置身其中仿佛坠入时空中的书海，亦有通天之感。"圣殿"外围是一圈走廊，外层亦为书架，上以书画册为主，内侧黑色镜面则用于挂各种画作。用极致白色构建了理想的纯洁天堂，当你通过书本堆积的楼梯爬上来后，触手是仿佛飘浮在空中的书籍，闻到沁人心扉的书香，让你和久已遗忘的灵魂有了重新认知的机会。

联系书店一二层空间的是书的阶梯。地面用书铺满，上面盖以玻璃，读者便可自由地漫步在书海之上，四周墙面亦为书籍，设计师匠心独运成功地将地面的传统功能消解，使其亦成为书的容器，楼梯也作为了书的容器，正面反面均为书架，漫步其上，可真正体验"书是人类进步的阶梯"。楼梯上方屋顶加以哥特式的梁架作装饰，丰富了原本单调的屋顶。圣殿后面是被书籍所包裹的咖啡馆，这个幽深的一角正遥契历史上著名的左岸花神咖啡馆，它们分明有着心意相通的渊源。立面的设计更是有趣，一侧立面将门面原有普通玻璃换成印有各类人文科学知识的印刷玻璃，并加上悬挑向前的拱形雨篷和写有"钟书阁"的匾额，平添几分人文气息，另一侧用同样的印刷玻璃将门和橱窗以相同的形式包裹。经过改造，钟

书阁的立面大大增加其辨识度，夜幕降临，一座充满文人气息的书店散放出智慧的光芒，诚邀爱书之人来品一品读一读。

阅读钟书阁的设计匠心根本就是一次酣畅淋漓的知识之旅，因为钟书阁本身就是一本博大精深的书。书香满溢的钟书阁，将重新诠释实体书店，它因技术与艺术、知识和生活的水乳交融而成当代文化的新地标和风向标。

左1：外观
右1：楼梯上方加以哥特式的梁架做装饰
右2：过道

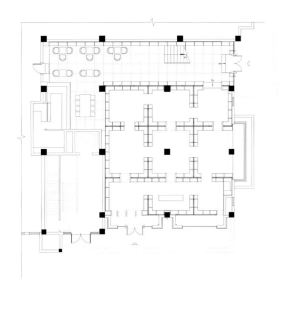
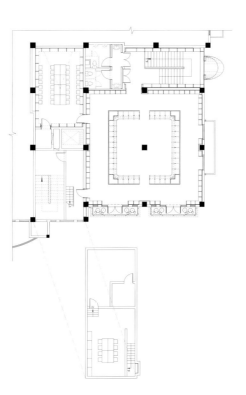

左1、左3：连接书店一二层的是书的阶梯

左2：以书架作为隔断

左4：书的圣殿

右1：宽阔的榻上可品读畅谈

右2：极致白色

QINGDAO JIMO ANCIENT
CITY EXHIBITION HALL

青岛即墨古城展览馆

设计单位：重庆年代元禾艺术设计有限公司
设　　计：夏洋
参与设计：马涛
面　　积：1500 m²
坐落地点：青岛即墨市
摄　　影：EM图摄

即墨是一座拥有 2000 余年历史的文化古城，在战国时期已经名扬天下。而当下，
当地政府希望通过对这座历史古城的维护与重建，提升当地的旅游文化产业并形
成新的景点与商业街区，而古城展示馆正是其中核心的区域之一。

面积约 1500m² 的展示馆，将使用多种科技手段向游客展示即墨地区的出土文物、
非物质文化遗产、古城历史以及未来的建设规划。同时还具备雅集活动、VIP 接
待等多种功能。整体建筑结构采用纯木结构，以传统工法进行构造。整体古城的
规划以明代万历年间的即墨古城为蓝本，因此在室内空间的营造及家具的使用上
也以明代风貌为源泉，大量采用胡桃木原木、灰色石材及亚麻布，以东方的灰调
与建筑相辉映，呈现古朴内敛的氛围。整体设计既具有博物馆的厚重庄严，又处
处显示出中国士大夫文化所特有的东方情趣。

左1、右1: 整体建筑结构采用纯木结构

左1、左2、左3、左4：空间细部

右1、右2：古朴内敛的氛围

中国昆曲剧院

设计单位：苏州苏明装饰股份有限公司
设　　计：陈天虹
参与设计：周丽、魏无蓉、杜斌
面　　积：9301 m²
主要材料：石材、仿古砖、木地板、钢化夹胶玻璃、花格、GRG造型、张拉膜、木纹铝板
坐落地点：苏州市平门校场桥路9号
摄　　影：贾立淏

昆曲剧院的西区以办公、生活功能为主，东头厅堂与传习所纵向以院落、连廊连接贯通，形成四进格局。厅堂装饰陈设还原明清风貌，一楼设接待厅，可变换厅堂会客，还设有餐厅功能。二楼为西区的重点——厅堂演出厅。雕梁、斗拱、长窗落地；纱帐、宫灯、踏红毯而入戏，再现六百年前的经典雅乐。表演区一案两椅，背靠一组月洞门的造型柜架，化妆展示和乐曲演奏用纱幔隔开，观众席三面围合，原汁原味地再现了明朝昆曲鼎盛时期的"家班"演出场景。西区二、三层设专家客房，运用传统元素，追求内敛质朴的设计内涵，橡子和坡顶塑造中式风尚。中式家居讲究空间的层次感，因此就有了隔断一说。木构架悬挂木质帘，分隔开卧室与客厅，布置仿明家具和现代中式灯具来丰富空间表情。

昆曲剧院的东区建筑与传习所一巷之隔，集现代剧场、昆曲文化体验展示、剧院接待、办公排练等功能于一体。清渠沿院墙绕行，流淌至前厅的下沉庭院。从传统到现代，她承载着荣耀的回归和璀璨的明天。东区地下一层的观众休息大厅设电子售票和服务咨询台，弧形旋转楼梯塑型优美，有如巨大飘带，彩色LED依附楼梯栏板，组成水袖图案，朝向庭院蜿蜒而下，白色的江南水乡院墙造型倒映在黑色水晶地面，墙头树影婆娑，剧院海报高悬在钢丝网天幕下。门外是跌石流水的禅意庭院。撷取传统元素，用现代装置艺术的表现手法演绎锦绣江南，雅乐飘奏的情景。水渠沿外墙绕进室内，树影斑驳的白墙和园林湖石，落在方形浅水池中，粉墙中央嵌入砖雕世遗铭牌。大幅幕墙玻璃正对着门厅入口，庭院水景扑面而来，一株古朴藤蔓似乎要从园中生长到厅内的花架上，不远处正是元音缭绕，丝竹声声。东区的一、二层空间现代与传统元素相结合，充分展示出"园林是看得见的昆曲，昆曲是听得见的园林"这一意境。

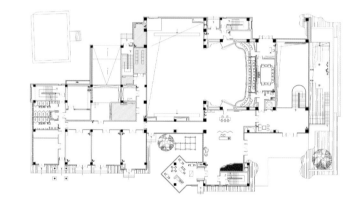

左1、左2：东区观众休息大厅

右1、右2：二层动态展示区

左1、左2、右1、右2：观众厅

圣安口腔专科医院

设计单位：哈尔滨唯美源装饰设计有限公司
设　　计：辛明雨
参与设计：王健、王晓娜、李沂恒
面　　积：2600 m²
主要材料：海基布、自流平、木挂板、石材、超白玻璃
坐落地点：哈尔滨市西大直街333号
完工时间：2015.03
摄　　影：辛明雨

很多时候，我们按照自己既定的目标不断前进，追求所谓的完美人生，可是快节奏的生活驱使着我们来不及低头看看脚下的路，从而遗忘了经历过程的美景。我想世间本没有完美，只有经历无数次的风雨，从容的接受并营造快乐，幸福的回声就在身边存在。工作亦是如此，在积累前行的过程中，不断的点燃激情，才会在工作中创造出意想不到的幸福。

最初进入这个空间时，它本身的弧形结构深深吸引了我，正是这个非自然形成的几何形体，赋予了日后整个空间生命的存在。

经过细致沟通决定将空间营造出都市中的片刻宁静，把时间和空间糅合在一起，通过流线型的线条引领时间在空间中静静地移动，在移步的过程中聆听内心的回声。

一点一滴、一器一物，用心诠释着一线一面。菱形状的几何形体和纯洁的白色挽手相遇，再与灰色金属的初次邂逅，使不同的元素符合整体节奏。空间的延伸用几何的回声沉淀思绪，慢慢演绎时间的故事。

右1：线与面的结合赋予空间生命感
右2：颜色的对比有效划分出办公区域
右3：随处可见的绿植为空间增添生机
右4：菱形几何形体的不同穿插

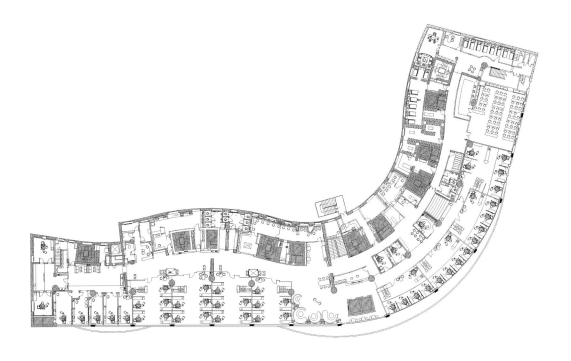

左1：白色和木质色的强烈碰撞

左2：流线型的线条引领时间在空间中慢慢移动

右1：家具和装饰摆件在同一个空间里的呼应

右2：办公桌和棚顶灯槽保持相同的动线

右3：以白色为基调的工作区

DATONG MUSEUM

大同博物馆

设计单位：中国建筑设计院有限公司环艺院 室内所
设　　计：张晔、顾大海
面　　积：32821 m²
坐落地点：山西大同
完工时间：2014.12

大同博物馆位于大同旧城区东部的御东新区内，用地东邻城市广场，与大剧院以新区南北向轴线对称布置，北望规划中的大同行政中心，南侧为图书馆、美术馆，西侧为规划中的大型居住区。

地上为共享大厅、公共服务、展厅、办公，其中办公为四层；地下为库房、库前区、公共服务、设备机房和汽车库。利用我们对博物馆空间的经验，提出对现有建筑公共空间的合理规划和利用，并对人流动线进行有效的组织。配合建筑设计，我们以现有建筑空间及个性为基础，为建筑提供一个室内的延续，以建筑的手段为展品提供一个质朴的展示背景。

在室内设计中结合建筑语汇，以展开的历史长卷为设计主线，运用简约巧妙的手法如局部错位、外扬、下凸等，使得空间具有强烈的张力及空间震撼力，而纯粹的建筑美感带给参观者强烈的视觉冲击。把天光引入室内，在坡道区域形成不规则的开洞，既为坡道提供采光，又为大厅提供了如星雨般灵动的背景。

将建筑外墙石材延伸至室内大厅，通过火烧或凿毛的方法改变石材表面的反光度，使得墙面肌理富于变化。用质朴自然的材料，采用古朴细腻的工法，使得室内空间显得稳重大气，充满了历史的厚重感。在入口大厅处利用投影技术、LED 显示屏和灯具的图像遮片，营造出一个戏剧化的空间场景，让观众进入展厅前先有一个可以穿越时间与空间的体验过程。

左1：外立面主入口
左2：首层连廊
右1：巨幅壁画
右2：大厅入口

左1：展厅入口
左2：一二层连廊处
右1：休息区
右2：多功能厅

左1：展厅入口
左2：一二层连廊处
右1：休息区
右2：多功能厅

CHINA WOODCARVINGS MUSEUM

中国木雕博物馆

设计单位：杭州正野装饰设计有限公司
设　　计：徐征野
面　　积：9300 m²
坐落地点：浙江省东阳市世贸大道180号

中国木雕博物馆位于"中国木雕之乡"的浙江省东阳市，总建筑面积2.6万平方米，其中展厅面积近万平方米，是一座全面展示中国木雕工艺、历史与文化的专业博物馆。由复星集团郭广昌携张国标、马云等六大浙商，与东阳市政府合力投资建设，于2014年10月18日建成开放。

展陈设计定位于民族性和世界性的统一，权威性和系统性的把持，完整性和独到性的兼顾。设置五大木雕主题展厅——中国木雕历史展厅、中国木雕与社会生活展厅、当代木雕大师展厅、世界木雕展厅，以及特展厅和临展厅。各厅根据主题设定审美取向，独具个性，共同组构成多元、多样、多彩的木雕艺术殿堂。

木雕是一种"刀与木"对话的艺术，展览设计中寻求将"金属与木头"的关系作为形式语言，以金属陪衬木头，形成图底关系。木雕作品的展示，追求层次效果，突出重点，通过灯光、陈列位置等，使展品疏密有致、参差有度。不管是整个展厅还是单个木雕，都力图带给观众一种美的享受。

根据学术知识趣味化、理性知识感性化、逻辑知识视觉化的原则，馆内还设置了60多个互动项目，以多样的展陈手段呈现木雕的全方位面貌和可能性，提供现代博物馆的阅读方式，让普通大众了解木雕知识，领略木雕之美。

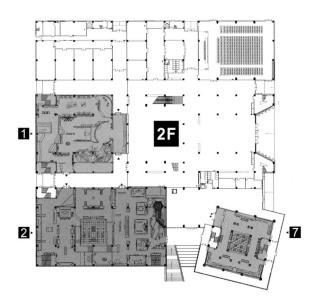

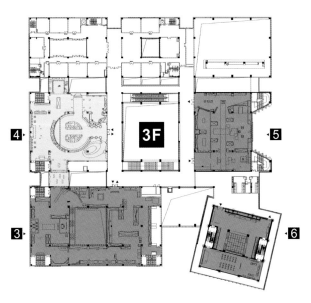

右1、右2：木雕作品的展示追求层次效果

241

左1、左2、右1、右2：设置了五大木雕主题展厅

UA CINE TIMES

时代广场

设计单位：香港壹正企划有限公司
设　　计：罗灵杰、龙慧祺
面　　积：1900 m²
坐落地点：香港

在 21 世纪科技发达的今天，拍电影全部采用高清数码技术，在这个全方位数码化的时代，旧式的胶卷菲林早已淹没在历史的洪流当中。但胶卷菲林曾在漫长的人类发展史里担当过举足轻重的角色，这个重要的历史任务谁也不能磨灭。因此这间戏院的设计正是以胶卷菲林作为主轴，唤醒那段被人遗忘已久的历史。

整间戏院以黑白作主色调，一大片白色以胶卷的姿态萦绕着四周，它时而铺张，时而沿着建筑物本身的形态自由弯曲起舞，延续胶卷应有的灵活性，在戏院顺滑地穿梭。而幼细的黑色条纹随意地将白色的"胶卷"分隔开，令纯白色的背景衍生出不同大小的长方形，远看就如折迭起来的胶卷，起伏不一。

甫踏进影院，观众先看到一排黑色的电影墙，墙的左右两旁各挂有两个电视屏幕，可一睹最新的电影预告，再决定心水的电影。当移步到购票大堂，修长而顺滑的弯曲柜台瞬时令来宾止住了脚步，那种弯曲的弧度跟墙上的"胶卷"竟然有种莫名的一致性，设计延伸了戏剧的张力之余，更添一份典雅。

天花上纵横交错的特制黑色 LED 射灯，由八种不同长度的射灯组合而成，长度由一米至六米不等，每支射灯的方向跟角度也不一，在天花自由交织，如同置身在拍摄现场一样，观众不由自住地被牵引到电影之中，化身成片中的男女主角。由于不同的折射效果，营造出多个光与影的组合，观众追逐着灯的影子之时，亦不自觉地寻找着属于自己的影子。

由黑及灰色石组成的地板，其构图亦是胶卷概念的延伸，在地板交织出不同的图案。今次黑色成为"胶卷"的主色调，灰色则充当划分的角色，将一大片黑色划分成多个不规则的几何图案，有别于胶卷常见的长方形状，增添趣味。

顺着走廊一直走去，大堂的统一性犹在，好让观众于步进影院观赏影片前一刻，仍然继续沉醉在电影世界之中，为开场前做足热身。影厅将大堂及走廊所用的灯的元素继续延伸，长短不一的吊灯射向不同方向，提升影厅的立体感，就算仍未有观众入座，都能制造出高朋满座的热闹感觉。

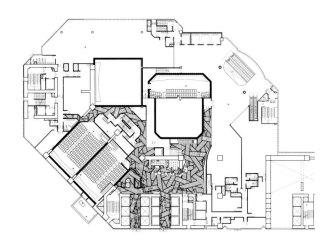

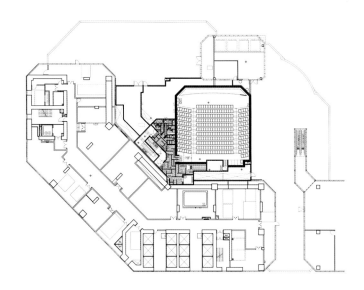

右1、右2：戏园以黑白为主色调
右3：修长而顺滑的弯曲柜台

左1：黑色及灰色石交织的地板组合出不同图案

右1、右2、右3：纵横交错的特制黑色LED射灯

无锡海岸影城

设计单位：香港壹正企划有限公司

设　　计：罗灵杰、龙慧祺

面　　积：5100 m²

坐落地点：无锡市

以海为主题的海岸影城，并非以一般联想到的蓝绿色调为主题，反而围绕岸边的各种天然奇观及海浪多变的运动，影城椭圆形的大堂，就如沿着陆地弯曲而成的海岸线。不同的海浪浮动幅度，隐隐潜藏于整个影城之中，地板由多条长度不一的幼细长方形云石地砖组合而成，远看就如海水冲上岸边时的边界，随着月亮的牵引，潮涨潮退，变幻莫测。

沿着影城周边伫立斜度不一的喷粉栅栏，模仿波浪运动，时而平伏、时而跌荡，望着这块波浪墙，就如站在海边观浪一样，内心霎时平静。四周隐藏的各个海浪象征，令观众仿如听见海浪声般，无声似有声。

大堂正中央放了数个像天然石般的摆设，栩栩如生，与周边的环境融为一体，大自然之感应运而生，原来它们是售票处。等待开场的观众，大可先到书吧休息，书吧除了地板延续大堂的海浪感，就连书柜、天花垂下的装饰同样与主题环环相扣。看上去由一片片长方体组成的书柜陈列着精选书籍，而从天花垂直而下、沿着弧度以不同角度排列而成的扁平长条则呈现出波浪的另一种美态。

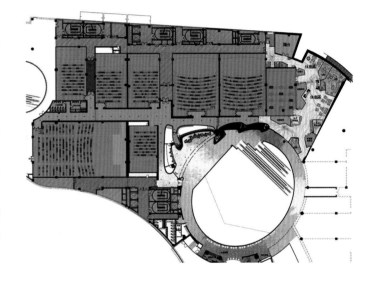

左1、左2: 椭圆形的大堂
右1、右2: 如沿着陆地弯曲而成的海岸线

左1：售票处
左2：走道
右1：蓝色观影厅

YI SHE

喜舍

设计单位：庞喜设计顾问有限公司
设　　计：庞喜
参与设计：葛军
面　　积：800 m²
坐落地点：苏州市姑苏69阁文化产业园C7幢
摄　　影：庞喜、朱海波

喜舍，是由庞喜及其太太解瑜一起共同创建的，取"喜好延展之地"之意将其命名为"喜舍"。喜舍的构想是做出"城市的人文客厅"，客厅中承载的是与生活息息相关的各个方面，用于推广中式风雅慢生活文化。把生活中的茶、香、花、酒、食、书、乐等融入到空间中，让生活滋润美好起来。

建筑原为 50 年代的药厂，面积 578 平方米，在结构上有着前苏联工厂建筑的明显特征：大跨度、大结构、大层高。因项目地处苏州，因而在设计中将工业的气息与苏州小调的风格结合在一起，空间上加入了苏州"小"的元素。在局部整块的墙面上，不对称加入苏式的六角窗，有正方的也有长方的六角窗。钢结构在整体中占了很多比例，与苏州软性结构做对应融合，营造出空间所独有的格调，经改造后建筑面积为 800 平方米左右。

进入喜舍，会先经过一段窄长的迂回，到了一层的中庭大厅便豁然开朗。大厅主体没有做任何实体隔断，保留了 10 米的层高，在四周用铁架搭出二层回廊，架下以屏风、移门、竹帘做隔断。空间分成大致五个区域，或茶室、或书屋、或吧台……空间一开一合，层次分明。二层布置有主人的工作室、雪茄室等。

喜舍内设置了三个茶室，风格皆不尽相同。大厅处开朗通透；二楼设置一私密茶室，格调尽显；后院则布置为茅屋茶室，古朴宜人。茅屋茶室顶为茅草所覆，两面靠着围墙，一面依着主屋，另一面则为半开放，三张卷帘半卷半收，自然随性。茅草下放置一个简单的木台，铺几张榻榻米地垫，安放一个小几，一张木架。约一个人，生一炉炭火、煮一壶泉水、泡一壶老茶，或看雨、或赏雪，或避暑，无不畅快淋漓！

喜舍的家具与陈设讲究简约与通透之感，苏州的古建筑材料也很好的被运用其中，营造出一种别样的古风与气韵。中庭的某个隔断处，点缀一段老牌坊上取下的明代断石柱，石柱的四面雕刻着古朴的鱼纹，沉静雅致；古董鱼缸背后，放置一段枯木，灯光射来，鱼缸枯木的影子正好投影到夏布屏风上，在钢铁元素的衬托下，形成一幅古韵悠然的画面。

喜舍的空间是不固定的，随着时间的推移，空间也不断地调整与维护，一摆石，一竹帘，一草一木，皆成格调。

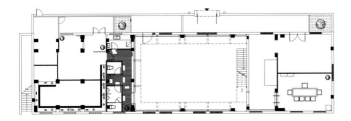
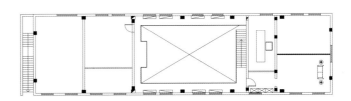

左1、右1：石径小路
左2：竹子小景
右2、右3：古朴宜人

253

左1：别样的古风与气韵
左2：铁架搭出的二层回廊
右1：卷帘自然随性
右2：沉静雅致的古石
右3：茶室

CHONGQING S.N.D
FASHION STORE

重庆s.n.d时尚店

设计单位：3GATTI

设　　计：（盖天柯）Francesco Gatti

参与设计：Cianan Alexander Crowley、 Jovan Kocic、 Carole Chan Liat、 YingLing Kong、 Pao Yee Lim、 Bogdan Chipara

面　　积： 180 m²

主要材料：玻璃纤维板、回收木板、灰色毛毡、镜面玻璃、钢结构材料

坐落地点：重庆解放碑WFC商场

完工时间：2014.08

摄　　影：申强

当我开始这个店铺的设计构思时，只有一个简单却又引人入胜的想法，那就是所有的设计元素都将"从天而降"。因此顾客将有充足自由的购物浏览空间，而不被一般店铺底面中所摆放的家具和销售单品所阻碍。

首先我们使用一个模型软件来模仿用材的物理特性，创造出一个可拉伸有张力的天花吊顶，仿佛真实地被各类物件的重量所影响从而垂坠了下来。其次考虑到了店铺中所需的一些设备例如照明、音响、消防喷淋、摄像头、空调和通风等，所以"可渗透"型的半开式吊顶外观想法则理所应当地浮出了水面。以上则是垂坠吊顶的创作本意，好似对转瞬即逝商品的片刻拥抱支撑。我们提供给了厂家数以万计将从天而降的不同形状的垂坠片，幸好最终可以快速激光切割这些垂坠片而不用施工方一片片手工切割。之所以使用极薄半透明玻璃纤维的原因在于该材料不仅有极高的阻燃性，同时还能反射灯光从而达到精彩壮观的照明效果，而最终创造出空灵柔美的天花吊顶景观设计，为所有"时尚的羔羊"提供了无与伦比的购物氛围。

尽管店铺的面积规模不大，上万片的垂坠片又绵延不绝，但是设计中安置的镜面玻璃巧妙地缓解了这个问题，与此同时还创造出了飘渺的内部环境，让购物者忘我并迷失于这片时尚"帘洞"中。这片谜样的天空垂坠片无疑是空间的绝对主角，因此我们使用了回收木材来铺地及墙面，从而更凸显了坠片所制造的"幻境"。另外为店铺设计了实用的"毛毡箱"，用来作为店内唯一提供沙发、收银台、陈列柜等功能性的家具组件。最后，店铺外立面仅用半透明的磨砂玻璃来映衬出店内垂坠片剖面图，从而创造出简约但壮观的外观效果，吸引了众多在商场中流连的访客。

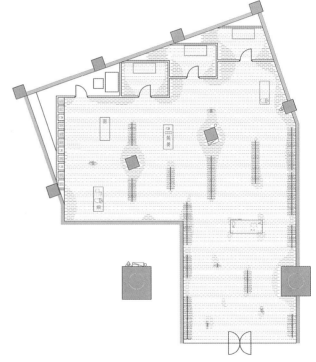

左1、右1：可拉伸有张力的天花吊顶

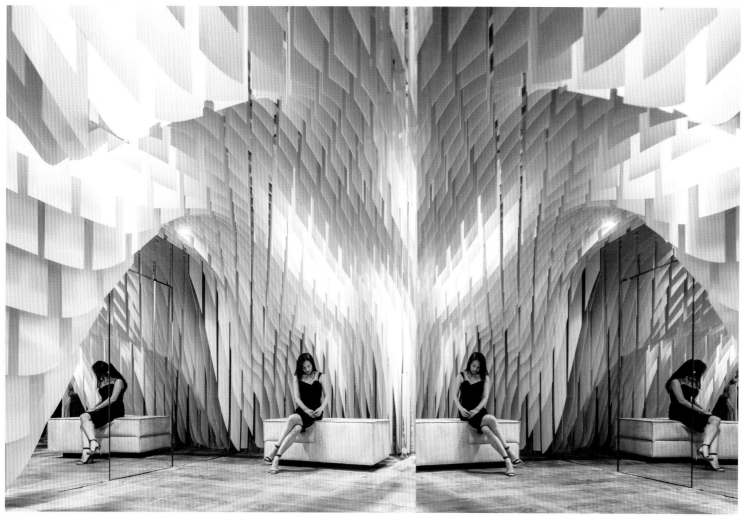

左1：上万片垂坠片绵延不绝
右1、右2：镜面玻璃创造出飘渺的室内环境
右3、右4："毛毡箱"提供了实用的功能

ON OFF PLUS

设计单位：汤物臣·肯文创意集团

设　　计：谢英凯

参与设计：May、Mafa

面　　积：91 m²

主要材料：软膜、镀膜玻璃

坐落地点：广州

完工时间：2014.12

摄　　影：YanFei

继 2013 年设计周 "ON-OFF" 之后，再度对 "公共性、开放性、趣味性" 这三大设计基石的思考进行延伸，围绕对人的内心、身体、精神、居住场所、生存社会以及世界的关注，来传达设计的责任感。通过观察人们在生活中的经历，还有事实与本质之间的辩证运动，我们借由设计透过事实，给予本质更多的想象暗示，通过对空间维度矛盾的建立，探讨现象透明性以及物理透明性。

设计思考从 "人是万物的尺度" 出发，探究因主体的不同而引起的判断标准的相对性，而现象的存在会因主体的不同而产生意义各异的客体，所以，我们需要通过设计来 "去伪存真"。整个展馆采用白色、灰色、透明的三色软膜围闭空间，以镀膜玻璃反射本质的手法，制造模糊性景象。而穿梭在展馆空间的参与者，透过迭合的方式，构建变幻无穷的事实景观，激发更多想象力，令空间充满趣味。

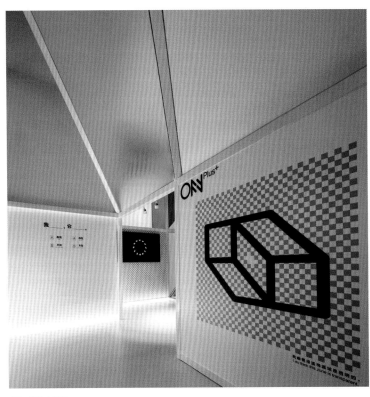

左1、左2: 入口处

右1、右2、右3、右4: 细部

右5: 镀膜玻璃制造出模糊性景象

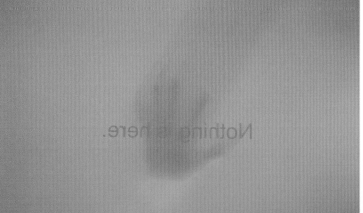

左1、右1、右2、右3：白灰色和透明的软膜围闭空间

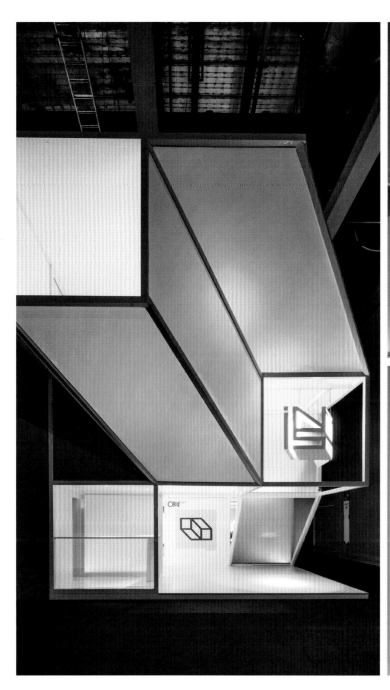

QUMEI HOUSEHOLD ASIAN
GAMES VILLAGE STORE

曲美家居亚运村店

设计单位：北京仲松建筑景观设计顾问有限公司

设　　计：仲松

参与设计：吴庆东、焦杰、周红亮

面　　积：3300 m²

主要材料：水泥、铝合金

坐落地点：北京市朝阳区大屯路

摄　　影：周之毅

曲美家具位于北京亚运村的店有着独特的外立面，内在空间的顶面造型与外立面相呼应，阳光透过镂空的造型洒入室内。暗藏的灯槽与楼梯走线相一致，室内以灰色为主色调，现代家具和仿古家具各得其所。

左1：建筑外立面
左2：楼梯
右1、右4：造型复杂的顶面
右2：俯瞰中庭
右3：光影效果

左1、左2、左3、左4：展厅局部
右1：阳光透过镂空的界面洒入室内

EXPERIENCE CENTER OF
XI'AN CITY WINDOW

西安都市之窗体验中心

设计单位：J&A姜峰设计公司
设　　计：姜峰
面　　积：2000 m²
主要材料：石材、泰柚、拉丝不锈钢、水晶马赛克、彩色亚克力、透光云石
坐落地点：西安市高新技术产业开发区

都市之窗项目是一座集写字楼、精品国际公寓、24H潮流商业、星级酒店于一体的大型城市综合体。都市之窗体验中心位于西安市高新区唐兴路与团结南路交汇处西南角，处于唐延路创意产业带核心腹地，良好的地段是项目的强大实力与价值的体现。

以晶莹剔透的钻石为设计灵感，设计师希望通过特有的图形，形成尖峰交错宛如宝石晶体般的建筑形态，通过这种原始、纯粹的张力，创造出具有视觉冲击力的室内空间。空间设计上利用倾斜切割的线条展现钻石特有的立体感，来契合空间的设计主题，以此凸显项目写字楼的国际化特征。雕塑般的造型和丰富光影为参观者创造出独特的空间体验，在功能和美学上让空间具有科技感、时代感和生态观。

体验中心入口处原始建筑的八字梁，使处理入口的时候有一定的不安定性，利用这个不安定的感觉，将其扩大得到一个极具张力的入口空间。提取连续折面的纹理将其进行简化，保留折面的精髓得到我们想要的图形。折面在空间背景上的体现，延续入口所创造出的张力，得到这种跌级加跌级，跌级套跌级的特殊造型。

空间本身挑高的特征，让我们可以做出特别的洽谈区，形成特殊的视觉感受，配合绿植和空间符号的阵列，形成特别的视觉冲击力。绿植墙的布置打破了传统沉闷的格调，让空间设计更显细腻与精致。

为了弥补体验中心本身层高的不足，设计师利用暗藏的灯带和对石材边缘轮廓的勾勒，塑造出建筑的高耸和挺拔，以修正空间的不足。在家具和配饰方面，采用了国际流行的最新的家具，在满足空间主题需求的前提下，可以很好的满足功能的需求。

左1：外景
右1：沙盘区
右2：洽谈区

左1：洽谈区
左2：沙盘区
右1：办公室前台
右2：电梯厅
右3：展示区
右4：样板间

BANMOO SPACE

半木空间

设计单位：吕永中设计事务所

设　　计：吕永中

面　　积：780 m²

主要材料：胡桃木、白蜡木、老柚木地板、青石、无纺布

坐落地点：北京朝阳区崔各庄乡草场地国际艺术村红2号院

摄　　影：吴永长

北京半木空间临近798艺术园区，是一个新兴的艺术试验和乡村生活交融的文化区域。原建筑采用北方最普通的红砖墙为建造形式，但有别于通常端正四方的院落，建筑与场地的关系处理得比较质朴。院落以一棵大树为中心，周边二层和三层相互错落延展形成自然围合。

设计的第一步就是将建筑大门位置由原来的尽端处改到更加靠近院落的两层空间，作为大展厅的两层上空部分是核心。首先保留了建筑的特质，6米多的层高和空间尽头的顶部条形天窗使自然光得以直接进入室内，通过太阳的东升西落在高墙上产生丰富的明暗变化。其次出于整体性考虑，原建筑顶部采用整体浇筑的预制混凝土板形式。改造后的展厅内部新增了一部分夹层，既呈现出不同高度变化，丰富空间层次，又满足了生活空间对实用性的基本需求。新增夹层采用钢结构形式，9米多大跨度钢梁的做法确保了展览空间的纯净，与建筑顶面形成上下呼应。

通过入口右侧紧凑的过厅迂回到达室内主体，内部尽端两层高的空间与前台部分相对较低的展厅形成一种空间上的高低、明暗对比，欲扬先抑，高低起伏。地面深色地砖延续了室外的感觉，并衬托出室内白墙以及墙面上微妙的光影变化。在长度与高度的比例接近，而进深略小的围合空间中，上下楼层的分隔、前后高低的差异以及室内室外空间的转换，这些体验更像是置身徽州民居的天井内院，阐释出传统民居中人对居住空间、对环境、对天地的认识和心态。

通过对天光的精妙把控和引导，让自然光首先充满内天井，进而分散到一层的主体展厅和二层的书院。展厅二层正对内天井的立面采用了滤光的格栅，地面在夹层投影线处横亘着整片镜面，反射成像将大空间的高度转换为深度，同时帮助了自然光在室内的进一步扩展，突显"天井明堂"的核心空间理念。展厅空间如同一个容器，其中的家具、陈设、装置等诸多元素更像是在进行一场时空的对话，传达出空间的无限可能。

空间内部交通是一种纵向的线性、水平环通的组织交通方式，有着清晰的逻辑关系。空间竖向的分隔利用了原有的承重墙结构，结合新增的钢结构支柱，在一二层空间的中轴位置因势利导设置了一堵设备墙。将墙体的宽度扩展以结合水电、暖通设备、管线等，也使墙体与洞口具备了划分室内空间的功能。展厅左侧一层演化出品茶、鉴画空间，二层书院左侧细分为对弈、会客场所。三层具备了更多的生活功能，除了工作室之外还有餐厅、卧室、书房及露台。饮食起居，品茶论

道，吟诗作画，观花赏月，现实感触和理想状态平衡交融。

室内采用自然石材的裁切拼接，让石质地面有了丰富的变化。立面在公共空间中根据不同功能要求出现两种迥异的秩序形式：遮掩热交换功能的白色格栅较为密集，具有滤光作用的半透格栅则略微稀松，这种细微的变化结合实体墙面组合出富于变化的立面。顶面的灯光均采用背景面光源和点光源结合的形式，光线不偏不倚，不多不少。

从时间的角度来看，北京半木空间是半木设计理念多年实践的延续和拓展。它如同一个原点，具有无限延展的力量，最好的建筑是这样的，我们身处其中，感受到自然在此延续，却不知道艺术已在那里开始。

右1：大厅艺术展览空间，"天井明堂"，以镜面、白墙、格栅营造了当代中国的精神空间

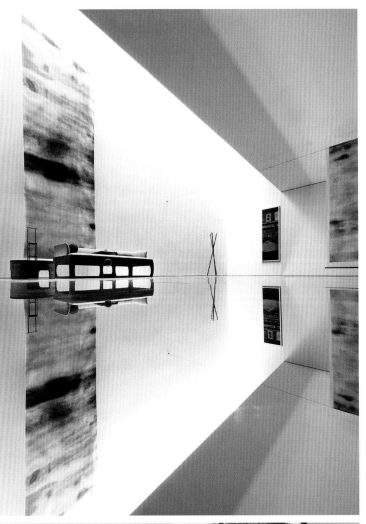

左1、左2：大厅"天井明堂"
左3：徽州系列大画案
左4：入口"祥龙"屏风
右1：二楼"阴翳之美"的书院空间
右2：三楼私厨餐厅

"回" 展厅

"TOUR" EXHIBITION HALL

设计单位：广州华地组环境艺术设计有限公司
设　　计：曾秋荣
参与设计：曾冬荣
面　　积：96 m²
坐落地点：广州琶洲保利世贸博览馆
摄　　影：黎泽健

空无寂静或是宇宙的最真本源，安贫乐道许是士大夫的极致追求。少则得，多则惑。
摒弃外在浮华，寻回内心沉静，静生智慧，为躁君。见素抱朴，返璞归真，而后
自在欢喜。

展厅设计借鉴了合院这一中国居住建筑的原型，通过游廊、竹园与茶室的围合，
营造出沉思自省的空间特质及含蓄清幽的自然意趣。设计采用清晰明快的现代建
筑语言，摒弃一切不必要的装饰，回归建筑的本质：空间、光线、自然。洞口的
设置，使空间更具透明性与穿透力，光影的引入更添空间的禅意和灵性。茶室的
设置，借由品茗感悟人生的简单与自在。

通过沉默的修行，让人变得自律与质朴，并在反省中关注人与空间、建筑与生活
的关系。回归自然，回归人文，回归内心的宁静，即是回归设计的本真。

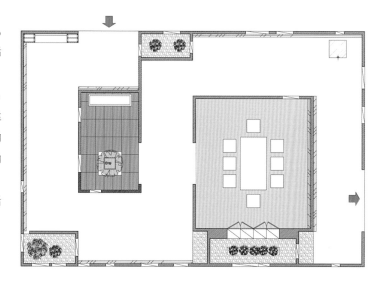

"回" 展厅

左1：茶室
左2：竹园
右1、右2：展厅借鉴了合院这一居住建筑的原型

左1、左2、左3：洞口使空间更具透明性与穿透力
右1、右2：光影更添空间的禅意和灵性

SUZHOU STARLIGHT
INTERNATIONAL MEDIA
INTELLIGENCE EXPERIENCE
CENTER

苏州星光国际影音智能体验中心

设计单位：FCD·浮尘设计工作室
设　　计：万浮尘
参与设计：唐海航、马佳华
面　　积：350 m²
主要材料：涂料、木地板、铝板、皮革、麻布
坐落地点：苏州娄门路266号平江设计产业园内
完工时间：2015.02
摄　　影：易都

苏州星光国际影音智能体验中心位于苏州平江区，他们是一家专业提供私家影院和智能家居定制的机构，此次设计的重点在于完美呈现产品的科技性与高端品质。一个成功的商业空间设计，应该是以突出产品为主题，而不是华而不实的浮夸装饰。

设计从LOGO墙开始，从地面一直到顶面的曲线造型墙面起到延伸感，一路引领客户至会客区。而会客区的背景墙造型以多样化方块体不同角度的罗列镶嵌来表达，很轻易能够联想到"影音"的含义，充满多面、时尚、冲击感强的三维立体效果。

具体到内部各功能室的设计，在最重要的影音体验室里，墙面装饰简单大气，免去了喧宾夺主的嫌疑，视线重点落于正前方的大屏幕上，可全神体验超炫的高性能影音感受。"hifi室"利用石膏板可塑造性较强的特点，打造出线条起伏感较强的墙面造型，配以长短错落、色调不同的灯光效果，使空间充满韵律感，并体现音律的节奏感。

会议室采用深浅不一的格子装饰，严谨又不失活泼的时尚感，同时木材的选择与同材质的家具糅合，绿色环保的同时增添了空间的透气感，打破会议室固有的沉闷气氛。

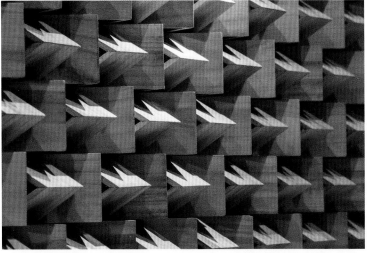

左1、左2：背景墙以多样化方块体不同角度的罗列镶嵌来表达
右1、右2：会客区

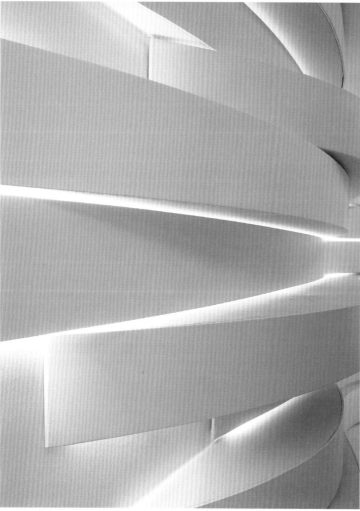

左1、左2：线条起伏感较强的墙面造型

左3：细部

左4：影音体验室简单大气

右1：会议室采用深浅不一的格子装饰

ISSI设计师时装品牌集合店

ISSI DESIGNERS' FASHION
BRAND COLLECTION STORE

设计单位：古晨无界设计师事务所

设　　计：胡武豪

参与设计：黄淼、胡华冰、陈浩

面　　积：1800 m²

主要材料：木质材料、皮质软装家具

坐落地点：上海北外滩

完工时间：2015.02

摄　　影：金选民

阳春三月的北外滩，意犹未尽的寒风吹过 ISSI 时尚空间的门口，半年前这里还是一幢孤楼，半年后这里已是中国最大的时装设计师产品的聚集地了，ISSI 设计师时装品牌集合店俨然成为了北外滩新时尚地标。

空间有三部分内容：设计师时装品牌、时装秀场、时尚 BAR。设计师综合分析了品牌文化特性和地域文化背景，以灰色的建筑混凝土原结构为基础，利用铁本色的材质货架陈列，泥墙和白色挑高钢结构建筑体的完美对撞，玻璃隔断与木本色家具的冷暖呼应，使整体空间浑然一体，简洁而不失细节。

入口的石材大门套与复古做旧的木质屏风体现了老上海悠久的历史文化，更不失 ISSI 外滩 style 的腔调。进入大门，眼前霸气的弧形旋转楼梯使整体空间从一楼至三楼融为一体，没有过多的装饰，但是白色喷漆的钢结构基础和玻璃木质的栏杆扶手愈发显得精致时尚。一楼的男装区色彩纯粹，白色和铁本色混搭，实木人字地板加上复古吊灯，这些组合仿佛是一个集所有优点于一身的完美男人。上楼梯到二楼，正面形象墙上铁本色层板上的白色 LOGO 如此醒目，进入大厅的左边区域是产品陈列区，右边为时装秀场，露台是时尚 BAR。产品陈列区围绕中间试衣区，设计了以玻璃为隔断的循环动线，若隐若现，空间层次清晰，产品琳琅满目；秀场区泥墙拱门的隔断和对面白色超高钢架外立面隔空对话，仿佛在探讨时尚的话题；时尚 BAR 区域，设计师利用露台护墙做了全上海最长的吧台，一个个定制台灯坐落在台面，绝对是北外滩一道亮丽的风景线。

上海是中国的魔都，ISSI 的空间同样更有魔力。

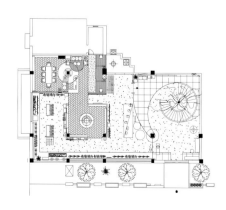

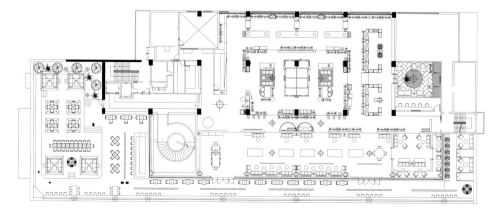

左1：入口复古做旧的木质屏风

右1：霸气的弧形旋转楼梯

左1：楼梯使空间从一楼至三楼融为一体

右1、右2、右3、右4：琳琅满目的产品陈列区

POGGENPOHL SHANGHAI STUDIO

Poggenpohl博德宝上海展厅

设计单位：OFA飞形设计咨询
设　　计：耿治国
面　　积：2200 m²
主要材料：水泥、环保木丝板、黑铁、黑玻璃、白膜玻璃、白色石材、薄膜天花
坐落地点：上海市闸北区万荣路700号A3幢
摄　　影：Nacasa & Partners Inc.

作为世界上历史最悠久且最富盛名的高端厨房品牌Poggenpohl博德宝，其在上海的落地项目由OFA飞形深度挖掘其品牌故事，将高端品牌、艺术品位与生活体验在空间规划中融为一体，传达出博德宝始终致力缔造优质生活的品牌追求。

曾经的老旧厂房，如今的黑色铁盒。依着地面光亮的指引推开大门，巨大空间的冲击迎面扑来，这里是世界最负盛名的高端厨房品牌博德宝在全球唯一以博物馆为主题的展厅空间。挑空制造的超大空间中，历史相片与珍贵实物依次陈列，将品牌历程清晰展现；大型现代艺术作品的设置使空间仿若一座典雅的美术馆。展品既是品牌历史长廊的一部分，亦成为美术馆中的珍藏作品。

人们在展厅中的不同活动与互动关系，使空间作为展厅、博物馆与美术馆的同时，也可以成为烹饪教室、美食厨房及派对会场。在挑空制造的超大空间中，珍品拍卖会、美食品鉴会及跨界艺术展轮番登场，三楼VIP房间既是厨房宴客厅，也可成为烹饪教室，透明瞭望台可举行小型派对活动。空间超脱出单一的展示功能，为品牌主动表达自身提供了可能。

空间中的大型对象也依据场景功能转变自身角色：6米宽的巨大楼梯可以是连接楼层的功能性存在，亦可以是观赏品牌活动的观众坐席，甚至是模特款款猫步而下的倾斜T台。垂直电梯连接起各楼层，除功能性之外也是一座移动的小型客厅，将客人带往三楼的厨房宴客厅；它还是一座小型观览室，有着在向上的行进中观看整个空间及其中展品的上佳角度。三楼VIP房间与透明瞭望台也可因品牌活动随时潇洒变身为一座开放式厨房宴客厅与空中观景庭院。

空间入口处灯光、底层水平环绕的盒状灯光、垂直电梯移动中形成的灯光、6米宽巨大楼梯的倾斜灯光，这些空间四个维度上的灯光设置，依据场景功能的变化组合切换，为不同空间情境提供全方位差异感受。

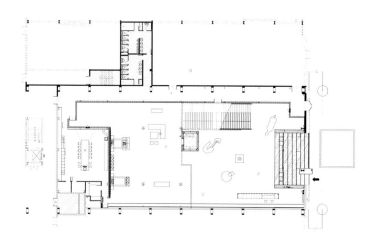

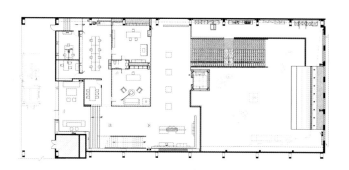

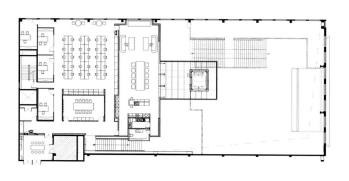

右1：一楼的斜向灯光
右2：全景
右3：6米宽的巨大楼梯
右4、右5：二楼的公共区域

2/F AISLE OF POLY SALES
OFFICE AT ZHANJIANG

保利湛江售楼部二层通道

设计单位：广州道胜设计有限公司

设　　计：何永明

参与设计：道胜设计团队

面　　积：276m²

主要材料：人造石、波浪板、地板胶、乳胶漆、木器漆

坐落地点：广东湛江

摄　　影：彭宇宪

本案户型为线形流动的空间，简约流畅的天花等高线、活跃的墙面基调以及局部点睛的海岸元素都能为空间带来清凉的海洋艺术气息。

海，深邃庄重。上至天灵，下至心魂。以宽为广，以沉默为情，以深沉为重，以气势为力。临海的条件使设计师将海的元素以及灵魂延伸到整个过道空间。水波纹理的墙体采用大面积的海蓝色调，洁白的鱼儿在墙面上在雀跃、嬉笑打闹。空间中运用了贝壳、珊瑚、砂砾等装饰元素，无一不是送给夏日的绝好礼物。在热带鱼的围绕中，徜徉在蓝色的海洋里，犹如撩起一面纱巾，蕴藏着羞涩而炙热的心，那是怎样的一种心旷神怡。

保利湛江售楼部二层通道

左1：简约流畅的天花等高线

左2、右4：水波纹理的墙面

右1：过道长廊

右2、右3：空间中运用了珊瑚、贝壳、鱼儿等装饰元素

EXPERIENCE HALL OF UNIVERSE TAE TEA

乾坤大益茶体验馆

设计单位：JDD经典设计机构

设　　计：江天伦

参与设计：马桂海、甄结壮、吕争荣

面　　积：600 m²

主要材料：灰橡木、大理石、茶玻、紫铜

坐落地点：深圳

大益茶业集团是目前首屈一指的现代化大型茶业集团，全球拥有两千多家加盟店，乾坤大益则是作为大益茶业集团的体验馆。设计团队被大益集团以"传承为根基、以拓展为血脉，制茶以心、事茶以诚，不断超越、成就经典"的茶文化所感动，着手以"东方禅意美学与现代简约主义"来演绎。

提到茶不由自主就会与"禅"联系起来。正如"一千个人心中有一千个哈姆雷特"一样，每个人对于禅的理解与诠释都不尽相同。其实三五好友相对而坐，抛开一切现代沟通方式，聊一些开心或不开心的话题，或是静坐，细细品茗，这即是一种禅。

通过"禅"的语言重新诠释乾坤大益体验馆，运用东方禅意美学与现代简约主义的有机结合，让传统的茶馆不再古板，借此来提升"大益茶"的品牌形象。

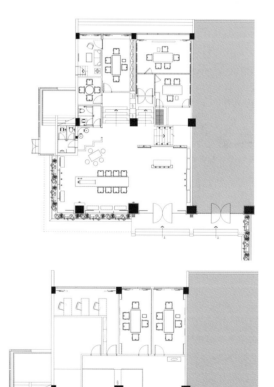

左1：外观

右1：楼梯处

右2、右3、右4：细部体现浓浓的禅意

左1：公共区域

左2：墙上的枯枝造型

右1、右2、右3：不同的就餐和品茗空间

东方博艾馆上海旗舰店设计

设计单位：上海善祥建筑设计有限公司

设　　计：王善祥

参与设计：管鹏、李斌、张国强

面　　积：505 m²

主要材料：橡木、樟子松、复合地板、火山岩、瓷砖、钢板、石材、青瓦

摄　　影：胡文杰

艾灸是一种古老的中国传统医疗方法，用艾草叶子制成的艾灸材料产生的艾热刺激身体部位，从而达到保健和防病治病的效果。东方博艾馆就是这样一家以艾灸为主要经营内容的诊馆，多年来，业主方大力研发了一些新型艾灸设备和诊疗手法，并且雄心勃勃地计划将该馆打造成国际连锁品牌。业主希望把空间设计成介于诊所和会所之间的一种样貌，有独特性和亲和力，通过环境的营造向客人传达中国传统文化的厚重氛围和高雅的格调。发展于中国的佛教禅宗一派，其最盛行的时期是宋代，对中国文化影响深远，其简约、清雅、飘逸的气质奠定了后来千年主流文化的风格，如今常说的"禅意"，即是来源于此。艾灸所要弘扬的医学传统和轻柔特点与这一脉络十分吻合，于是确立了本项目的基本调性。

诊馆共有两层楼面，已有 11 间诊疗室，但需要改造以提升品质。改造的重点在于建筑外观和一层公共区域。建筑外观为 20 世纪 90 年代所建立的欧式风格，颇为俗陋。沿街有东和南两个立面，建筑和道路人行道之间有 5 米多的停车场地，是两者的过渡与缓冲区域。为了整体形象的优雅，牺牲两个车位的面积在入口边做一个约 17 平方米的景观水池，这在寸土寸金的上海尤显珍贵，水池使人在建筑前安静了下来。外立面上半部分采用了常见的松木格栅作为表皮，以遮挡原来的欧式立面，并以钢框勾勒出轮廓，大面积木材予人温暖的质感。下层除了几个大玻璃落地窗外，所剩不多的墙面干挂了灰色火山岩，质朴的石材显得十分淡雅。寻常的材料以寻常的方式应用组合，搭配出了不寻常的格调。

室内空间分为门厅接待区、艾灸文化宣传区、茶饮区等，大部分面积还是诊疗室。接待及茶饮区以木隔屏演绎了中国传统厅堂似透非透的空间层次，大量原木和草编编纸的应用铺陈了自然、朴素的空间基调。局部墙面采用了小青瓦片侧贴，一排排"S"形的机理图案如同艾灸的袅袅烟雾。空间中还引入了中药柜满墙的装饰，标志设计中也采用了类似太极鱼的图案。这些元素的运用反映了一定的中医传统文化氛围，也反映了一丝道教与中医相互影响的关系。诊疗室在原有基础上进行了一些改造，将部分元素尽量调整到与整体风格相一致。设计的企业标志等视觉识别系统也与空间风格相协调，从方方面面表达出东方文化的特点。

中国人常说：中国的就是世界的，或者说东方的就是世界的。而西方人不知道有没有说过西方的就是世界的呢？但是他们确实做到了西方的就是世界的。接下来，就要看我们能不能做到东方的就是世界的了。

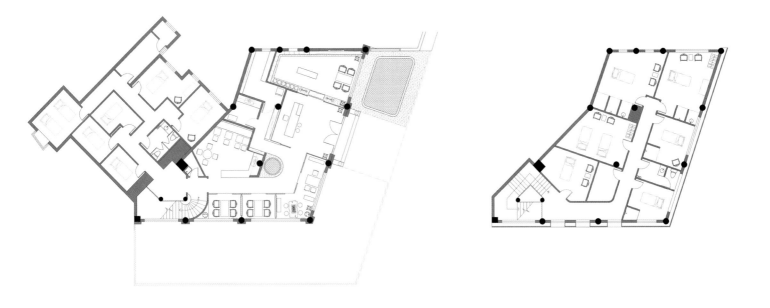

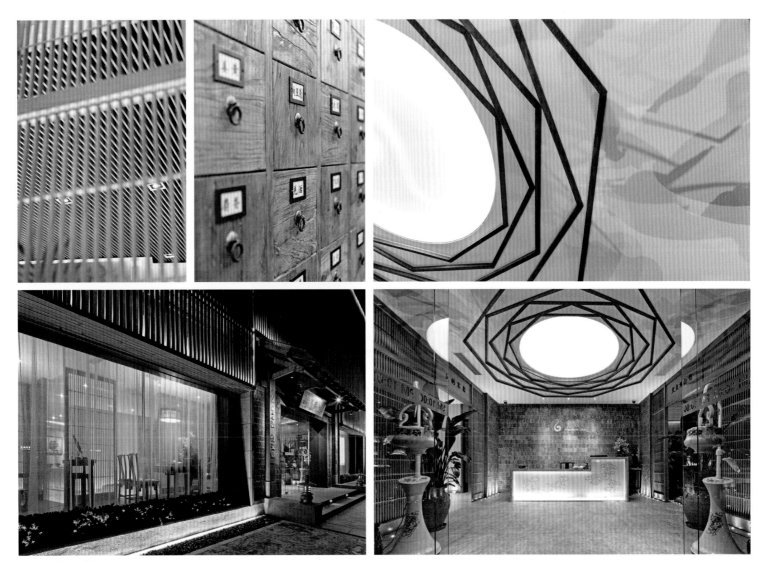

左1、右3：外立面夜景
右1、右2：细部
右4：受到传统建筑藻井的影响

左1、左2、左3：楼梯间
左4：走廊
右1：茶饮区
右2：诊疗室

ZUOYOU "QIANKUN" EXHIBITION

左右乾坤展

设计单位：深圳市名汉唐设计有限公司
设　　计：卢涛
面　　积：530 m²
坐落地点：深圳

移步易景，一步亦景，另有别致讲究。整体以苏州园林式的中国传统设计为精神、当代中国人的生活方式为主题，以传统水墨画写意的意境为手法，再现中国建筑文化的骨感、朴素、优雅，体现东方自信精神。

在此，一草一木一石一竹一门，别有洞天，艺术与美兼具。在中国式枯山水汀步入门设计之上，巧妙叠加竹叶墙，似虚非实，灵动如画。循着传统江南风格的月亮门而入，是"四水归堂"式的前厅，收放自如，主展区采用"三间堂"格局，缀以新中式家具，相得益彰。整体空间既开阔自然，又曲折幽深，颇有意味。当中绿色环保材料的应用，是体现设计师责任，亦体现尊重自然、回归自然的生活哲学，让生活安静下来，让心安静下来。

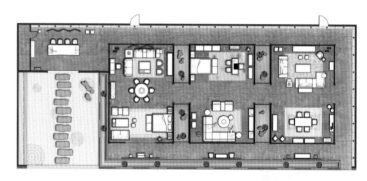

左1、左:3、左4：空间小景

左2：入口处

右1：传统江南风格的月亮门

右2：幽深的廊道

左1、左2、右1：缀以新中式家具

右2：绿植点缀

PEARL RIVER SCIENCE
AND TECHNOLOGY DIGITAL
CITY SALES CENTER

珠江科技数码城销售中心

设计单位：广州共生形态工程设计有限公司
设　　计：彭征
参与设计：谢泽坤
面　　积：1500㎡
坐落地点：南海里水
完工时间：2014.10

珠江科技数码城销售中心位于古典风格建筑里的一个售楼中心。当我们在城市生活太久时，容易感觉麻木，忽略自然风光所带来的最初感动。本案我们突破建筑的限制，思考着自由和流动空间的可能性。繁星、山峰、河流、雪花或是甜甜的巧克力都曾是儿时最初的感动，这些以抽象的形态提醒着人们居住环境的重要性。

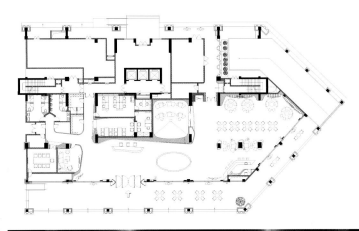

左1：自由流动的空间
左2：入口处

右1：沙盘

右2、右3、右4：处处皆是抽象的造型

DESIGNERS

设 计 师 简 介（排名不分前后）

白荣果

现任职于重庆市海纳装饰设计工程有限公司。

曹群

安徽松果设计顾问有限公司合伙人。

曹翔

毕业于华东交通大学艺术设计专业，高级室内建筑师，现任江苏天茂建设工程有限公司设计院院长。

陈彬

武汉理工大学艺术与设计学院副教授、硕士生导师，中国美术家协会会员，中国建筑装饰协会设计委员会委员，大木设计中国理事会副理事长，WHD后象设计师事务所创始人。

陈厚夫

厚夫设计顾问机构创始人，中央美术学院建筑学院、清华大学美术学院、天津美术学院、同济大学四校社会实践导师，中国建筑学会室内设计分会理事，深圳市室内建筑设计行业协会副会长，首位以卓越成就积分被香港政府吸纳的中国设计界优才。

陈天虹

苏州苏明装饰股份有限公司设计分公司经理。

陈武

深圳市新冶组设计顾问有限公司创始人、广州大学建筑设计研究学院第八所副所长、中国区"PLAY HOUSE"电音厂牌创始人，深圳再生居概念家具饰品有限公司创始人、LIFE2文化餐厅连锁创始人。国际室内建筑师与设计师理事会理事、深圳市室内设计师协会常务理事。

陈显贵

宁波优艾（UI）室内设计有限公司总经理、设计总监。

陈熠

北京东易日盛南京分公司集团高级墅装专家，毕业于南京艺术学院环境艺术专业，中国建筑装饰协会高级室内建筑师、高级住宅室内设计师。

陈志斌

意大利米兰理工大学设计管理硕士，高级工艺美术师，任鸿扬集团陈志斌设计事务所创意总监，长沙理工大学设计艺术学院客座教授，中国建筑学会室内设计分会全国理事、亚太酒店设计协会理事。

DCV创意集团

DCV第四维创意集团（陕西第四维创意文化产业有限公司）于2010年成立于古城西安，旗下拥有创意设计、品牌策略、影视艺术、创意联盟、战略产业五大板块，是国内知名的创意型企业。

戴昆

著名建筑师及室内设计师，北京居其美业住宅技术开发有限公司执行总裁，投入大量的精力于色彩流行趋势和相关产品设计的研究。

董美麟

上海 DML Design 麟美建筑设计咨询有限公司 / 麟美国际陈设机构创始人，曾就职于美国 HBA 上海代表处。

盖天柯（Francesco Gatti）

出生于罗马，毕业于罗马第三大学建筑系。2002 年创立 3GATTI 建筑事务所，2004 年在上海创办分工作室，现作为 Archiprix 全球建筑毕业设计大奖赛的评委。

范江

1999 年成立宁波市高得装饰设计有限公司，作为一个高定位的纯设计公司，从事酒店、会所、餐馆、办公、老建筑改造、展示等设计。

范日桥

上瑞元筑设计顾问有限公司董事设计师，上海资瑞投资管理有限公司执行总监，中国建筑学会室内设计分会第 36 专业委员会常务副主任，法国国立科学技术与管理学院项目管理硕士。

方钦正

法国纳索建筑设计上海分公司合伙人及创意总监、上海世博会中最年轻的国家馆主持建筑师。

高文安

毕业于澳洲墨尔本大学建筑系、英国皇家建筑师学院院士、澳洲皇家建筑师学院院士。1976 年创办高文安设计有限公司，被誉为"香港室内设计之父"，近年分别在深圳、上海、成都等地设立分公司及开设零售店等，2013 年获香港室内设计协会终身成就奖。

葛晓彤

宁波金元门设计公司总经理、设计总监，宁波金元门广告文化公司总经理。

葛亚曦

LSDCASA 创始人、艺术总监，深圳市室内设计师协会轮值会长，清华大学软装与陈列设计高级研修班特邀讲师。

耿治国

OFA 飞形创立者，20 余年引领其团队发展对商业运作的独到洞见与深刻思考，有着其独特的商业设计哲学 OFA Inspire。

何武贤

山隐建筑室内设计创办人、中原大学室内设计硕士、中原大学室内设计系和中国科技大学室内设计系讲师、台湾室内设计专技协会理事。

何永明

毕业于华南师范大学商业美术专业，2005 年成立广州道胜设计有限公司，中国室内设计师协会注册设计师，广东工程技术学院客座讲师，华南师范大学室内设计系客座讲师。

洪亚妮

厚夫设计顾问机构及大木艺术设计机构创始人、国家高级工艺美术师、空间陈设艺术家。2014 年创建"有物舍"基金，针对传统手艺的保育和延伸进行扶持，针对艺术、设计、科技相结合的新媒体观念表达进行推动。

黄伟彪

高级室内建筑师，兰州城市学院客座教授，甘肃御居装饰设计有限公司负责人。

胡俊峰

成都私享设计工社创意总监、时刻联品牌设计 & 传播创意总监，成都精英设计师联盟成员、成都市建筑装饰协会设计分会副理事长。

胡武豪

毕业于浙江科技大学室内设计专业，2011 年成立杭州古晨无界设计师事务所。

黄书恒

台北玄武设计 / 上海丹凤建筑主持建筑师、设计总监，国立成功大学建筑学士、伦敦大学建筑硕士（荣誉学位）。

靳全勇

现任哈尔滨唯美源装饰设计有限公司设计总监，中国建筑学会室内设计分会会员。

江天伦

JDD 经典设计机构（深圳、香港）创始人、创意总监，广州美术学院毕业，高级室内建筑师。

姜峰

J&A 姜峰设计公司董事长、哈尔滨建筑工程学院建筑学硕士、中欧国际工商学院 EMBA、高级建筑师，国务院特殊津贴专家。现任中国建筑学会室内设计分会副理事长、中国建筑装饰协会设计委副主任、中国室内装饰协会设计委副主任等。

蒋涛

毕业于四川美术学院，弗尔思肯（美国）室内设计机构设计总监。

琚宾

HSD 水平线室内设计有限公司（北京 / 深圳）创始人、设计总监，中央美术学院建筑学院、清华大学美术学院实践导师，高级建筑室内设计师。

Kerry Hill

Kerry hill 擅长设计休闲度假型酒店，在该类建筑设计领域中享有国际盛名。世界诸多顶级酒店，如台湾的日月潭涵碧楼，马来西亚的 The Datai，峇里岛的 Amanusa、泰国清迈的 The Cbedi 等，均出自其手。

赖旭东

重庆年代营创设计有限公司设计总监

兰敏华

资深室内设计师、国际环境艺术设计师、建筑工程师，深圳市本果建筑装饰设计有限公司创始人。

李晖

上海同济大学建筑系毕业、上海风语筑展览有限公司总裁兼首席设计总监、中国建筑学会理事、世界华人建筑师协会创会会员、《时代建筑》杂志编委、《室内 ID+C》杂志编委。

李财赋

室内建筑师，古木子月空间设计事务所创始人，中国建筑学会注册设计师。

李川道

高级室内建筑师，中国建筑学会室内设计分会会员，国际室内建筑师 / 设计师联盟会员。

李光政

南京北岩设计设计总监，中国建筑学会室内设计分会会员。

李建光

1998 年成立福州造美室内设计有限公司，任设计总监。

李想

唯想国际创始人、董事长，毕业于英国伯明翰城市大学，英国、马来西亚双建筑学士学位。

李怡明

毕业于北方交通大学土木建筑系，一级注册建筑师，高级工程师，北京清石建筑设计咨询有限公司设计总监。

连自成

出生于台北，英国 De Montfort 大学设计管理硕士，大观·自成国际空间设计设计总监。

林琮然

CROX 阔合国际有限公司总监，本泽建筑设计（上海）创办人。米兰 Domus Academy 建筑与城市设计硕士，台湾中华大学建筑与都市设计学士。

林开新

于 2005 年创立林开新设计有限公司，为大成（香港）设计顾问有限公司旗下公司。

刘波

PLD 刘波设计顾问有限公司（深圳 / 香港）创始人，深圳室内设计师协会会长、中国建设部建筑装饰协会专家、中国环境艺术设计联盟理事。中央美术学院建筑学院、清华大学美术学院、天津美术学院设计艺术学院、哈尔滨工业大学建筑学院四大院校实践设计导师。

刘卫军

PINKI（品伊国际创意）品牌、美国 IARI 刘卫军设计师事务所创始人。中国建筑学会室内设计分会全国理事及深专委常务副会长，国际室内装饰协会理事，ADC 设计研修院导师，清华大学美术学院陈设艺术高级研修实践导师。

刘雪丹

安徽建筑大学艺术学院环艺系副主任、中国建筑学会室内设计分会高级室内设计师、上海荷丹建筑设计事务所设计主持、韩国韩瑞大学室内设计学硕士。

卢涛

深圳市名汉唐设计有限公司董事，高级工程师、高级室内建筑师。深圳市室内建筑设计行业协会执行会长、深圳市家具行业协会设计师专业委员会主任、中国家具协会设计工作委员会副主任、中国建筑装饰协会设计委员会常委、中国建筑学会室内设计分会理事、中国建筑学会室内设计分会深专委常务副秘书长。

陆嵘

同济大学建筑学硕士，上海禾易建筑设计有限公司设计总监、合伙人。

逯杰

2003 年创办陕西朗基罗装饰设计工程公司，2008 年创办陕西自在空间设计咨询有限公司，2015 年注册"勿舍"原创家具品牌。

吕永中

中国建筑学会室内设计分会理事，吕永中设计事务所主持设计师，半木品牌创始人兼设计总监。

毛桦

伦敦艺术大学切尔西艺术设计学院环境设计硕士，曾先后在伦敦、北京从事室内设计工作，后加入于强室内设计师事务所任主创设计师。

内建筑

以孙云和沈雷为核心的内建筑设计事务所自2004 年成立以来，以来自舞台设计和建筑设计的不同教育背景以及多年来不同领域的实践经验，让作品呈现出更加丰富多元的创作思维，建立起建筑与室内的一体性关系。

潘冉

名谷设计机构创办人，美国 BDA 国际酒店设计事务所合伙人，国际室内建筑师联盟成员，老门东历史街区专家评审委员会装饰设计顾问。

庞喜

喜舍创始人，喜研品牌顾问，庞喜设计顾问有限公司设计总监。长期致力东方文人墨客生活精粹保护，创办喜舍优雅慢生活方式平台。

彭征

共生形态董事、设计总监，广州美术学院设计艺术学院硕士，曾任教于中山大学传播与设计学院、华南理工大学设计学院。

戚威

南京大学建筑规划设计研究院设计一所所长，张雷联合建筑事务所合伙人

秦岳明

深圳市朗联设计顾问有限公司设计总监，《中国室内》杂志执行编委，深圳市室内建筑设计行业协会副会长，深圳大学客座教授，清华美院、中央美院、天津美院实践导师。

邱春瑞

高级室内建筑师，台湾大易国际设计事业有限公司、邱春瑞设计师事务所创始人暨总设计师。

任萃

自小旅居美国、中国台湾，于台湾攻读室内设计学士之后，毕业于澳洲新南威尔斯营建管理硕士。于 2008 年创立十分之一设计事业有限公司，创造高质感空间同时奉献公益。

R瑞设计

本公司致力于室内外环境艺术的设计及策划，项目范围涵盖酒店、会所、地产样板房、办公、高端别墅、小型建筑设计等。

史林艳

香港神采设计建筑装饰公司宁波分公司设计总监。

孙黎明

上瑞元筑设计制作有限公司董事设计师，中国建筑学会室内设计分会理事，中国建筑学会室内设计分会无锡专业委员会秘书长，美国 IAU 艺术设计硕士，江南大学硕士研究生实践指导教师。

唐忠汉

台湾近境制作设计有限公司设计总监，台湾室内协会理事，中国科技大学室内设计课程客座讲师。

田军

毕业于大连轻工学院家具设计专业，北京瑞普设计有限公司设计总监。

万浮尘

FCD·浮尘设计创办人、浮点·创意餐厅创办人、浮点·禅隐（中国古镇保护与发展型客栈）创办人，国际室内建筑师与设计师理事会苏州理事、中国建筑学会室内分会会员、中国"美丽乡村"苏州公益设计团队专家组组长。

王国帆

建筑中级工程师，高级室内建筑师，现任职于深圳市艺柏森设计顾问有限公司。

王海波

高级室内建筑师、高级景观设计师、中国美术学院讲师、中国美术学院国艺城市设计艺术研究院副院长、浙江亚厦装饰股份有限公司副总设计师、浙江亚厦设计院第九研究院院长、浙江省创意设计协会理事长。

王黑龙

毕业于南京艺术学院工艺美术系，师从艺术大师刘海粟先生和著名工艺美术理论家张道一院士，毕业后执掌教席，参与创办室内设计专业。黑龙设计品牌创办人，HLD 设计顾问（香港）首席设计师。深圳市室内设计师协会轮值会长，中国室内建筑师学会常务理事。

王践

高级室内建筑师、注册国际室内设计师，中国建筑学会室内设计分会会员、国际室内建筑师与设计师理事会宁波地区理事、宁波市建筑装饰行业协会设计委员会副会长、宁波城市学院艺术学院毕业生导师，宁波矩阵酒店设计有限公司联合创始人、宁波王践设计师事务所总设计师。

王心宴

上海泓叶室内装饰有限公司总设计师。CIID 理事，中国饭店协会设计委员会常务理事，上海应用技术学院副教授，IFI 会员，美国室内设计学会国际会员。

王祎华

高级室内建筑师／工艺美术师，中国建筑学会室内设计分会上海分会会员，苏州金螳螂建筑装饰股份有限公司第一设计院常务副院长，下辖第一、第二、第三分院及第五、第六所。

吴峻

曾分别在东南大学及新西兰维多利亚大学取得建筑学硕士学位，高级建筑师，高级室内建筑师。

夏洋

深圳美芝装饰工程有限公司担任设计总监，在各类大赛中屡获殊荣及提名。

项安新

温州市华鼎装饰有限公司总经理、设计总监，中国建筑学会室内设计分会（温州）副会长。

谢柯

重庆尚壹扬装饰设计公司设计总监。

谢 天

高级室内建筑师、高级工程师，中国美术学院副教授，中国美术学院国艺城市设计艺术研究院院长，浙江亚厦设计研究院院长。瑞士伯尔尼应用科学大学建筑可持续研究硕士，中国建筑装饰协会设计委员会副主任委员，中国饭店协会装修设计专业委员会专家委员，中国房地产业协会商业地产委员会研究员 。

谢文川

文焯空间设计事务所创始人、格欣国际创意总监，国家注册设计师、中国建筑协会室内设计分会会员。

谢英凯

汤物臣·肯文创意集团执行董事，其作品在国内外权威设计大奖中屡获殊荣。

辛明雨

现任哈尔滨唯美源装饰设计有限公司设计总监。

熊华阳

擅长现代中式风格设计，被媒体誉为 " 现代中式设计领航者 "，其设计的项目荣获国内外诸多设计奖项。

徐栋

2005 年创立宁波栋子室内设计事务所任设计总监，中国建筑学会室内设计分会会员，宁波市建筑装饰行业协会设计分会会员。

徐征野

高级工艺美术师、中国博物馆学会会员、教育部职业院校艺术设计指导委员会环境艺术专业委员会主任。杭州正野博展艺术有限公司艺术总监、杭州正野装饰设计公司董事长，复旦大学、同济大学、吉林大学、江南大学等多所大学的兼职教授和研究生导师。

许建国

安徽许建国建筑室内装饰设计有限公司创始人、高级建筑室内设计师、中国建筑室内环境艺术专业高级讲师、全球华人室内设计联盟成员、中国厨房产业设计联盟特聘专家。

小杰

石匠、木匠、钳工、会计，最后还是回到手艺人的角色。现任温州家具学院院长，中央美院客座教授，澳珀家具艺术总监。

杨铭斌

佛山硕瀚设计有限公司总设计师，ICAD 国际商业美术设计师，中国建筑学会室内设计分会佛山专业委员会委员。

杨航

毕业于湖南工艺美院，苏州一野设计事务所设计总监。

叶晖

毕业于广州美术学院，汕头市今古凤凰空间策划有限公司创办人兼首席设计总监，汕头市装饰行业协会理事。

叶铮

泓叶设计创始人、上海应用技术学院副教授。中国建筑协会室内设计分会理事、中国建筑装饰协会专家委员。从事室内设计教育 25 年，于 1992 年开创性地在上海艺术类高校中建立首个室内设计专业。

余霖

设计学文学士，高级室内建筑师，DOMANI 东仓建设董事合伙人及创作总监，A&V 桉和韦森艺术陈设创始人。

余平

中国建筑学会室内设计分会常务理事，西安电子科技大学工业设计系副教授。

俞挺

东南大学建筑学院客座教授，清华大学建筑学硕士联合指导教师，同济大学建筑与城市规划学院建筑系课程设计客座评委及毕业设计课程设计答辩委员，国家科学技术奖励评审专家，上海市建设工程评标专家，上海市勘察设计质量检查专家。

曾传杰

台湾班堤室内装修设计企业有限公司总经理，台湾班果实业有限公司总经理，上海班果实业有限公司总经理，班堤实业上海有限公司总经理。

曾秋荣

毕业于汕头大学环境艺术设计系，进修于清华大学建筑工程与设计高研班，并获得法国国立工艺美术学院硕士学位。1999 年创建广州华地组环境艺术设计有限公司，现任中国建筑学会室内设计分会理事。

张继红

张继红空间设计创意总监，中国建筑装饰协会会员，中国建筑学会室内设计分会会员。

张健

观堂室内设计公司设计总监。

张金沢

自澳大利亚新南威尔士大学毕业后，先后在澳大利亚，新加坡，香港等世界各地从事室内设计工作，2004年来中国上海发展。

张雷

中国当代著名建筑师，现任南京大学建筑与城市规划学院教授，建筑设计与创作研究所所长，张雷联合建筑事务所创始人兼总建筑师、国家一级注册建筑师，江苏省人民政府首批"设计大师"。

赵睿

大连纬图建筑设计装饰工程有限公司CEO、设计总监。

郑钢

宁波浩轩建筑设计有限公司创办人、设计总监，IAI亚太设计师联盟会员，宁波市建筑装饰行业协会设计分会委员。

郑杨辉

注册高级室内设计师、室内建筑师，中国建筑学会室内设计分会第八委员会秘书长，中国建筑学会室内设计分会理事。

仲松

独立艺术家，毕业于中央美术学院雕塑系，创办北京仲松建筑景观设计顾问有限公司。

周静

毕业于大连理工大学建筑系，米兰理工大学设计管理硕士，深圳市派尚环境艺术设计有限公司执行董事。深圳市室内建筑设计行业协会副会长、CIID深圳专业委员会委员、深圳室内设计师协会常务理事、清华珠江投融资同学会理事。

周维

毕业于上海大学美术学院建筑学系，2012年创立米凹工作室。

周伟

周伟建筑设计工作室设计总监，中国室内设计学会杭州分会理事。

张光德

环永汇德的创始人张光德先生，毕业于英国牛津布鲁克斯大学，在建筑领域具有20多年的实际工作经验，项目遍布英国、马来西亚、中国等地区，通过众多工程项目的丰富工作经验，先生精通于大型而复杂项目的操作和管理，同时具备地域性项目特殊要求的卓越工作技能。

曹刚、阎亚男

二合永空间设计事务所合伙人、设计总监、CIID 第 15 委员会（郑州专委）常务委员。

杜宏毅、郭翼

杜宏毅：重庆亦景太阁室内设计有限公司设计总监，毕业于四川美术学院油画系和德国包豪斯大学建筑设计专业，现任重庆艺术工程职业学院艺术设计学院副院长，教授、高级工程师，中国建筑学会室内设计分会 19 专委副秘书长。

郭翼：重庆亦景太阁室内设计有限公司设计副总监，毕业于四川美术学院室内设计专业，中国建筑学会室内设计分会会员，高级室内设计师。

范志圣、吴金凤

范志圣：彩韵室内设计有限公司创意总监、京采室内装修工程有限公司设计师、彩琚国际室内设计有限公司设计师。

吴金凤：彩韵室内设计有限公司设计总监，京采室内装修工程有限公司总经理，彩琚国际室内设计有限公司执行总监，内政部建筑物室内设计师，内政部建筑物工程管理师，SICK-HOUSE 病态住宅诊断士，万能技术大学业外讲师。

郭赞、姚康荣

郭赞：现任杭州海天环境艺术设计有限公司室内所所长。

姚康荣：毕业于上海同济大学建材学院，武汉大学北京研究生院环艺研究生班。高级室内建筑师，杭州海天环境艺术设计有限公司设计总监。

顾大海、张晔

顾大海：清华大学美术学院学士、北京服装学院硕士，现任职于中国建筑设计研究院。

张晔：中国建筑设计研究院环境艺术设计研究院室内设计一所所长、中国建筑学会室内设计分会理事。

孔仲迅、孙华锋

孔仲迅：高级室内建筑师，中国建筑学会室内设计分会第 15（河南）专业委员会常务理事，河南鼎合建筑装饰设计工程有限公司设计总监。

孙华锋：室内建筑设计硕士、高级室内建筑师，中国室内设计学会副会长、中国建筑学会室内设计分会第 15（河南）专业委员会主任，河南鼎合建筑装饰设计工程有限公司总经理、河南省中青年专家组专家、郑州轻工业学院硕士生导师。

王善祥、赵辉

王善祥:2003 年创立上海善祥建筑设计有限公司，在进行建筑、室内及景观设计工作的同时亦从事艺术创作和家具设计等，主张"泛艺术"观念。

赵辉：建筑师、国家一级注册建筑师、高级室内建筑设计师。

杨邦胜、赖广绍

杨邦胜:YANG 酒店设计集团创始人、APHDA 亚太酒店设计协会副会长、深圳市室内设计师协会轮值会长、ADCC 中国陈设艺术专业委员会副主任、中国建筑学会室内设计分会常务理事、中国建筑装饰协会设计委员会副主任。

赖广绍：专注酒店设计超过 15 年，为 YANG 孕育了众多超前的酒店设计作品，是一位将创意与现实完美结合的资深酒店设计专家。

龙慧祺、罗灵杰

龙慧祺：香港室内设计公司壹正企划有限公司总监，曾经任职多间大型国际设计师楼并参与跨国设计项目及发展工程。

罗灵杰：香港室内设计公司壹正企划有限公司总监、十大杰出设计师、十大杰出青年。

凌子达、杨家瑀

凌子达：毕业于台湾逢甲大学建筑系、法国 Conservatoire National des Arts et Metiers 建筑管理硕士学位。于上海成立了达观国际建筑室内设计事务所，出版过个人作品集《达观视界》。

杨家瑀:KLID 达观国际设计事务所软装设计总监。

庞一飞、袁毅

庞一飞：重庆品辰设计公司董事长。

袁毅：重庆品辰装饰工程设计有限公司副总。

施传峰、许娜

观云机构子午设计首席设计师、中国建筑学会室内设计分会会员、中国建筑学会福州第八专业委员会秘书处核心组成员、福建省室内装饰装修协会设计专业委员会委员、中国建筑装饰协会室内建筑师、国家二级注册建造师、楷模家具集团设计研发院资深设计顾问。

高雄、刘坤、王锦前

高雄：道和设计机构创始人，资深中国建筑室内设计师。

刘坤：江西道和室内设计机构董事、设计总监。

王锦前：江西道和设计机构董事、设计总监。

主编

陈卫新

编委（排名不分先后）

陈耀光、陈南、高蓓、黄玉枝、蒲仪军、孙天文、沈雷、王兆明、吴海燕、叶铮

图书在版编目（ＣＩＰ）数据

2015 中国室内设计年鉴 /《中国室内设计年鉴》编委会
编 . -- 沈阳 : 辽宁科学技术出版社 , 2015.10
    ISBN 978-7-5381-9474-6

Ⅰ . ① 2… Ⅱ . ①中… Ⅲ . ①室内装饰设计－中国－
2015 －年鉴 Ⅳ . ① TU238-54

中国版本图书馆 CIP 数据核字 (2015) 第 237387 号

出版发行：辽宁科学技术出版社
            （地址 : 沈阳市和平区十一纬路 29 号　邮编：110003）
印 刷 者：利丰雅高印刷（深圳）有限公司
经 销 者：各地新华书店
幅面尺寸：230mmx300mm
印　　张：81
插　　页：8
字　　数：150 千字
印　　数：1-2000
出版时间：2015 年 10 月第 1 版
印刷时间：2015 年 10 月第 1 次印刷
责任编辑：杜丙旭 鄢　格
封面设计：赵宝伟
版式设计：赵宝伟 金鑫
责任校对：周　文

书号：ISBN 978-7-5381-9474-6
定价：598.00 元（1-2 册）

联系电话：024-23284360
邮购热线：024-23284502
http://www.lnkj.com.cn